年轻人一定要懂得的职场规则

NIANQINGREN YIDING YAO DONGDE DE
ZHICHANG GUIZE

冠 诚/编著

北京理工大学出版社
BEIJING INSTITUTE OF TECHNOLOGY PRESS

图书在版编目（CIP）数据

年轻人一定要懂得的职场规则/冠诚编著. —北京：北京理工大学

出版社，2011.1

　（80　90 人生哲理系列）

　ISBN 978－7－5640－3907－3

　Ⅰ．①年… Ⅱ．①冠… Ⅲ．①成功心理学－青年读物

Ⅳ．①B848.4－49

　　中国版本图书馆 CIP 数据核字（2010）第 205595 号

出版发行／北京理工大学出版社

社　　　址／北京市海淀区中关村南大街 5 号

邮　　　编／100081

电　　　话／(010)68914775(办公室) 68944990(批销中心) 68911084(读者服务部)

网　　　址／http：//www.bitpress.com.cn

经　　　销／全国各地新华书店

印　　　刷／北京柯蓝博泰印务有限公司

开　　　本／710 毫米×1010 毫米　1/16

印　　　张／15.5

字　　　数／200 千字

版　　　次／2011 年 1 月第 1 版　　2011 年 1 月第 1 次印刷　　　责任校对／王　丹

定　　　价／28.00 元　　　　　　　　　　　　　　　　　　　　责任印制／母长新

图书出现印装质量问题，本社负责调换

决 定

　　人的一生中，总会遇到许多岔路、困惑和迷茫，尤其是年轻人。年轻人刚刚步入社会，他们正经历从稚嫩走向成熟、从平庸走向卓越的蜕变期，婚姻、财富、前途、未来……都在这时候，在不知不觉中悄然成形。

　　年轻的时候是人生重要的积累期。通过观察，我们不难发现，凡是毕业后在短期内取得成就的人，都是对自己的心态养成、能力锤炼、性格铸造、习惯培养等方面付出了极大努力的实干者。也就是说，只有那些肯沉下心认真学习、不断提高自己能力的人，才能赢得第一场比赛。

　　年轻的时候，我们要经历两大转折：

　　从毕业到就业，从校园到社会——参加工作；

　　从单身到结婚，从个人到多人——建立家庭。

　　年轻的时候，我们要面临五大挑战：

　　赡养父母；结婚生子；升职加薪；开创事业；生活质量。

　　年轻人能否顺利地完成两大转折、从容地应对五大挑战，能否获得成功、拥抱幸福，取决于心灵的成长度和心智的成熟度。

　　心灵快速成长，心智快速成熟，需要年轻的我们掌握人生经验和人情世故，具备取舍智慧，合理地规划人生；还需要我们懂得说话艺术和处世哲学，懂得职场规则，具备职场智慧，掌握成功的法则。而这些知识和智慧会决定我们未来 20 年、30 年甚至一辈子的命运。

现实中，很多年轻人往往因没有人生经验、不懂人情世故而在人际交往中折戟沉沙；因不懂得取舍之道而致错误选择；因不懂人生规划而前途迷茫；因不懂社交礼仪而功败垂成；因不懂说话艺术而祸从口出；因不懂职场规则，不了解职场生存智慧而难以晋升；因不懂成功法则而一直在社会的中下层徘徊……

残酷的现实常常使年轻人一飞冲天的野心、大鹏展翅的抱负化为泡影。因此，年轻的你必须掌握发展必备的知识才能走得更远。基于这种需求，我们策划了这套人生哲理系列丛书，祈望能够帮助年轻人迅速完成从校园人到职场人的转变，能够快速地融入社会，成熟而从容地应对眼前的一切。

年轻，没有极限。准备得越充分，飞得就越高。真心希望年轻的你能够暂时停下来，回顾自己的道路，反思自己的行为，决定自己的方向，规划自己的人生。我们真诚希望这套"8090 人生哲理系列图书"能让你有所收获。

目 录

第一章　职场生存基本规则

第二章　职场人际关系规则

第三章　与上司相处的规则

第四章　同事间相处的规则

第五章　与下属相处的规则

第六章　提升职场应变力有规则

第七章　职场求人的规则

第八章　职场机遇背后的规则

第九章　勇于承担也要守规则

第十章　职场晋升规则

第一章 职场生存基本规则

制度之外有规则

每一位合格的士兵都是从为期三个月的新兵连生活开始的，而刚刚走进职场的"新兵"们，也将面临 3 到 6 个月的"新兵生活"。如何扮演好新兵的角色，给上司或者同事留下良好的印象，是这些新兵们必须努力做好的"功课"！这是因为，这段"新兵生活"期间，周围有许多双眼睛盯着"新兵"、时时刻刻观察"新兵"，"新兵们"的一举一动都将成为"新兵"在用人单位去留的依据。在此期间直至今后的职业生涯，除了要遵守公司的各项制度之外，还有一些规则是要熟知的。

1. 尊重他人的私人空间

在办公室里，私人空间是很宝贵的，必须受到尊重。"打搅了""不好意思"是有求于人或打断别人工作时必不可少的话。另外，谨记先敲门再进入别人的办公室，不要私自阅读别人办公桌上的信件或文件，或未经许可而翻阅别人的名片盒。

2. 讲究办公室礼仪

（1）电话：若你要找的同事恰巧不在，别让他的助理替你记下一大段口信，应请他转拨至电话录音，留下你的姓名、内线、简单的内容，然后挂线。

（2）复印机：当你有一大叠文件需要复印，而排在你之后的同事只想复印一份时，应让他先用。如果复印纸用尽，谨记添加。若纸张卡塞，应先处理好再离开。如不懂修理，就请他人帮忙。

（3）走廊：如非必要，别打断同事间的对话。假如你已经打断，应确保原先的同事不被忽略。

3. 保持清洁

（1）办公桌：所有食物必须及时处理掉，否则你的桌子有可能会变成苍蝇密布的垃圾堆。

（2）如果有公共厨房：别将未洗的咖啡杯放在洗碗池内，也不要将糊状或难以辨认的垃圾倒入垃圾箱。此外，避免用微波炉加热气味浓烈的食物。若菜汁四溅，谨记抹干净后再离开。若你喝的是最后一杯水，请主动添补。

（3）洗手间：入厕后，谨记冲厕并确保所有"东西"已被冲走。若厕纸用完，请帮忙更换新的。废物应准确地抛入垃圾桶。

4. 有借有还

假如同事顺道替你买外卖，请先付所需费用，或在他回来后及时把钱交还对方。若你刚好钱不够，也要在第二天还清，因为没有人喜欢厚着脸皮向人追讨金钱。同样地，虽然公司内的用具并非私人物品，但也须有借有还，否则可能妨碍别人的工作。

5. 严守条规

无论你的公司如何宽松，也别过分从中取利。可能没有人会因为你早下班 15 分钟而责备你，但是，大模大样地离开只会令人觉得你对这份工作不投入、不敬业，那些必须超时工作的同事反倒觉得自己多事。此外，也别滥用公司给你应酬用的资金作私人用途，如打长途电话等。

6. 学会发出自己的声音

老板赏识那些有自己头脑和主见的职员。如果在公司听不到你具有建设性的语言，那么你在办公室里就很容易被忽视了。因此，要学会在合适的时候，积极地发出自己的声音，敢于说出自己的想法。只有这样，才能引起主管人员的重视。

7. 守口如瓶

即使同事在某项工作上的表现不尽如人意，也不要在背后说他的坏话，以免失去同事的信任。

同事之间要守口如瓶，与上司之间也要守口如瓶。不要向上司打小报告，搬弄是非。多数上司通常极其厌恶是非之人。你向上司打小报告只会令他觉得虽然你是"局内人"，却未能专心工作。假如上司将公司机密告诉你，谨记别泄露一字半句。

8. 不要成为"耳语"的散播者

耳语，就是在别人背后说的话。只要人多的地方，就会有闲言碎语。有时，你可能不小心成为"放话"的人；有时，你也可能是别人"攻击"的对象。这些耳语，比如上司喜欢谁，谁最吃得开，谁又有绯闻等，就像噪声一样，影响他人的工作情绪。聪明的人，要懂得该说的就勇敢地说，不该说的就绝对不要乱说。

9. 切忌插话

别人发表意见时中途插话是一件极没有礼貌的事情，更会影响你的信誉和别人对你的印象。在会议中（或任何时候），请留心别人说的话。若你想发表意见，先把它记下，待适当时机再提出。

10. 不要在办公室互诉衷肠

我们身边总有这样一些人，他们特别爱闲聊，性子又特别直，喜欢向别人倾吐苦水。虽然这样的交谈能够很快拉近人与人之间的距离，使你们之间很快变得友善、亲切起来，但心理学家调查研究后发现，事实上只有1%的人能够严守秘密。所以，当你的生活出现个人危机，如失恋、婚变之类，最好不要在办公室里随便找人倾诉。当你的工作出现危机，如工作上不顺利，或对老板、同事有意见、有看法时，你更不应该在办公室里向人袒露胸襟，任何一个成熟的白领都不会这样"直率"的。自己的生活或工作有了问题，应该尽量避免在工作场所里议论，不妨找几个知心朋友私下畅谈一番。

11．别炫耀自己

如果你的专业技术很过硬，如果你是办公室里的红人，如果老板非常赏识你，你就可以在办公室里任意炫耀自己了吗？当然不能。任何时候，你在职场都要保持谦虚，这样才能更好地与同事合作。俗话说："不要在可怜的人面前炫耀你的幸福，不要在不幸的人面前炫耀你的好运。"同样不要炫耀自己的专业技术，否则会招致别人的嫉恨。

12．切忌把与人交谈当成辩论比赛

与人交往中，说话的语气有时要比说话的内容更重要。亲切的语言，即使说话内容很严重，也容易让人接受。因此，说话时，语气要友善，给人一种亲切感。强硬的说话态度和语气，往往会引起别人的反感。

在日常的交谈中，大家对某一事情的看法可能会不一样。这时候，不要像开辩论会一样，必须把对方说服。如果一味好辩逞强，会让同事们对你敬而远之。久而久之，你不知不觉就成为不受欢迎的人。

13．学会称赞别人

现代人可能太忙，对事情往往无暇作出正面的回应（例如说声"谢谢"和赞美的话语），忽略了这种看似简单却有效、随时能令你称赞的人有帮你一把的表现。称赞别人的其他好处还有：同事会提醒你今天老板的心情极差；同事会在任务到限期前不断催促提醒你。只要你多称赞别人，便可能得到不可估计的回报。

14．别虚耗时间

虚耗别人的时间是最常见的过错，很多人之所以要把工作带回家，只是想在没有任何妨碍的情况下完成工作。因此，为了不虚耗别人的时间，就应做到：

（1）别写长篇大论的电子邮件：可用标题显示"紧急"，内容也务求简洁。

（2）别占线：假如你和别人谈话时，一个更重要的电话打来，应请第一谈话方先挂线，迟些再回复他。

（3）准时：对准时的人来说，要等待迟到的人开会绝对不是好事。假如你是会议负责人，请在会议前一天把有关的备忘录、议程等分发给相关的人。会议的举行时间最好是下班前 30 分钟，因为此时人人赶着下班，会议能更有效地进行。也请准时开始会议，别等迟到的人。

（4）别烦扰上司：不要事无大小都请示上司。若真需要上司的帮忙，应先预备答案再寻求他的指引。

（5）别多嘴：本来同事之间倾谈并无不妥，但也要注意自律。若你正在休息，别人可能刚好相反，最好避免令同事分心。若你的同事经常进入你的房间，可试试背着大门坐；若情况难以控制，可搬走你的会客椅，对方便不会久留。

办公室说话有禁忌

在办公室里与同事交往离不开语言，但是你真懂得说话的技巧吗？俗话说，"一句话说得让人跳，一句话说得让人笑"。同样的目的，但表达方式不同，造成的结果就会迥然不同。在办公室里要做有心人，有些话不可乱讲，否则会招来不必要的麻烦。例如，下面这些话题在办公室里谈论就很不相宜。

1. 不交流薪水问题

很多公司不喜欢职员之间打听薪水，因为同事之间的工资往往有不小的差别，所以发薪时老板有意单线联系，不愿公开数额，并叮嘱不让他人知道。同工不同酬是老板常用的手段，用好了，是奖优罚劣的一大法宝；但它也是一把双刃剑，用不好，就容易引发员工之间的矛盾，而且最终会掉转枪口，直指老板。这当然是他不想见到的，所以对"包打听"之类的人总会格外防备。

有的人打探别人时，喜欢先亮出自己，比如先说"我这月工资……奖金……你呢?"如果他比你钱多，他会假装同情，心里却暗自得意。如果他没你多，他就会心理不平衡了，表面上可能是一脸羡慕，私底下却往往不服。这时候你就该小心了，背后做小动作的人通常是你开始不设防的人。

首先，不做这样的人。其次，如果你碰上这样的同事，最好早做打算。当他把话题往工资上引时，你要尽早打断他，说公司有纪律不谈薪水。如果不幸他语速很快，没等你拦住就把话都说了，也不要紧，用外交辞令予以冷处理："对不起，我不想谈这个问题。"有来无回一次，一般就不会有下次了。

2. 不谈家庭财产之类的私人秘密

不是你不坦率，坦率是要分人和分事的，从来就没有不分原则的坦率，什么该说什么不该说，心里必须有谱。

就算你刚刚买了别墅或利用假期去欧洲玩了一趟，也没必要拿到办公室来炫耀。有些快乐，分享的圈子还是越小越好。

3. 不说野心勃勃的话

在办公室里大谈人生理想显然很滑稽，打工就安心打工，雄心壮志回去和家人、朋友说。在公司里，要是你没事整天念叨"我要当老板，自己置办产业"，就很容易被老板当成"敌人"，或被同事看做异己。如果你说"在公司我的水平至少够副总"，或者"35 岁时我必须干到部门经理"，那你就很容易把自己放在同事的对立面上。

工作上有进取心是值得肯定的事，但最好不要在公司大谈个人理想。因为你和同事在客观上存在着竞争，你公开自己的理想就等于向同事挑战。做人姿态低一点，正是自我保护的好方法。

在公司，轻松愉快的聊天可以拉近同事之间的关系，使大家能够更融洽地相处。只要闲聊不侵入私人领域，就不会滋生问题。

4. 不在办公室谈私人生活

无论失恋还是热恋，别把情绪带到工作中来，更别把故事带进来。办公室里容易聊天，说起来只图痛快，不看对象，事后往往懊悔不已。可惜说出口的话就像泼出去的水，再也收不回来了。把同事当知己的害处很多，职场是竞技场，每个人都可能成为你的对手。即便是合作很好的搭档，也可能突然变脸。他知道你的私事越多就越容易攻击你，你暴露得越多就越容易被击中。

比如，你曾告诉她自己的老公跟别人好了，她这时候就有说头："连自己老公都不能搞定的人，公司的事情怎么放心交给她。"职场上风云变幻，环境险恶，你不能害人，但也不得不防人，把自己的"私域"圈起来当成办公室话题的禁区，轻易不让"公域"场上的人涉足，这其实是非常明智的一招，是竞争压力下的自我保护。"己所不欲，勿施于人。"如果你不先开口打听别人的私事，自己的秘密也不易被别人打听。

办公室里的敏感问题

作为一个新人，怎样迅速地融入集体内，赢得大家的好感？怎样处理办公室的敏感问题，使自己轻松地与同事交往呢？下面，我们就介绍一下处理这些问题的方法。

1. 不要任意渲染同事恋爱的谣言

一位法国文豪说："年轻的女性最关心别人的恋爱了。"事实上，在办公室内也可以发现，很多人喜欢揭发他人心中的秘密与隐私。更有甚者，喜欢添油加醋地宣传别人的隐私，给当事人造成很多困扰。

作为办公室的一员，遇到这种情况，首先自己不要做谣言的

"广播人"，其次不要对谣言发表任何见解，最后对针对某人具有人身攻击的语言，要拒绝听到，礼貌地阻止对方的谈话，避免对别人造成伤害。

2. 客户请你吃饭要先请示上司

工作中一些业务往来密切的客户，有时可能会请你吃饭。这种时候，你绝不可以轻易地接受别人的邀请。

因为你与对方是通过业务才认识的朋友，虽然客户请吃饭不过是表示一点心意，但事实上，他并非是请你私人，而是请公司的代表人。另一方面，你若接受对方的招待，正应了中国的一句俗话，"吃人的嘴短，拿人的手软"，在业务上，也许会因此而受到对方人情的压力。业务上，如果发生了这类微妙的人际关系，最后也许会给你的主管带来不便。一个公司与业务往来的厂商一定是由于合作的关系而彼此有交往，应该以商品的品质或工作上的服务来维持公司与厂商间的关系。因此，不要把"请吃饭"这类事看得很重。

当对方邀请你时，是否能接受对方的招待，绝不可以只凭自己的判断而定，最聪明的方法，就是和你的主管商量。

3. 不要眯着眼看客人

曾经有这么一个笑话，说有家公司的女职员，老是用眯眯眼看客人，给人的印象很不好。这家公司的老板听说之后，特意观察了这位女职员，原来传说是真的。一问才知道她是近视眼，又不戴眼镜，只好用眯眯眼看人。由于她常要眯起眼睛才能把事物看清楚，这么做不但对她的眼睛不好，而且也得不到别人的好评。

其实呢，她本人并不清楚自己是以眯眯眼看人的。可是，被看的人却认为她这种眼光就像在怀疑别人一样，常常会引起不快。因此，奉劝近视眼的人，不要嫌麻烦，赶快去配一副隐形眼镜。如此一来，不但可以提高工作效率，也可以减少一些不必要的误会。

4. 避免同事间的金钱往来

俗语说："如果你想破坏友谊，只要向对方借钱就行了！"同事之间，最好不要有过多的金钱往来。"王小姐，你能不能先借我 300 元，我现在得交房租呢！"如果你借钱的次数多了，同事就不敢再借给你了。另外，借了同事的钱要及时偿还，不要影响到自己的信誉。遇到大家一起分摊费用时也是一样的，如果你还是连续几次说："今天我没带钱来！"大家一定不会再相信你了。

5. 避免穿着太名贵

切勿穿得比自己的老板更好。当老板与这样的下属一起与陌生人打交道时，假如陌生人不清楚，把下属当成了老板、把老板当成了随员，此种情况定会使老板心怀不满，一定在心里把该下属打入"死囚"的行列。

办公室里男女各有优势

做到让别人喜欢，性别的魅力是不言而喻的。在这一点上，男人和女人当然不同，工作场合和其他场合当然也不同。古龙曾经写过一本小说，名叫《七种武器》。那好，现在来看看办公室的男人、女人要让办公室同仁喜欢你，都需要什么武器。

1. 女人的武器

第一种武器：漂亮

职场中那些有着闭月羞花之貌，沉鱼落雁之容的倾国倾城的美女数量是极为有限的，因此，漂亮的女人常常受到别人的优待。在职场的女人要想让自己更具有优势，就要懂得怎么改变自己、弥补自己的先天不足。从服装、发型等各个方面改变自己，使自己成为一个优雅的职场丽人。

第二种武器：沉默

唠叨是女人最致命的弱点，沉默则适合所有的职场女士，对美女来说更有杀伤力。善于使用沉默，就能让别人知道你不但人美心灵更美。

第三种武器：镇定

女人天生不是镇定的动物，遇见什么都会大呼小叫。下回再想发出尖叫的时候，你就马上给自己一巴掌，习惯了你就长记性了。时间长了，镇定自然就产生了。到那时候，哪怕你吓得喘不过气来，别人也只当你胜似闲庭信步，都会佩服你临危不惧的胆略，觉得你真是个与众不同的领袖人才。

第四种武器：文静

你要像个假小子一样，成天在办公室里摔门撞桌子，谁还能放心交代给你什么事？你当然也不能像旧社会的无聊妇女那样东家长西家短地传话，你要做得起码像半个淑女，学会用微笑来回答或中断你认为会影响集体团结的问题和话题。

第五种武器：干练

雷厉风行的美女会让人敬畏、崇拜，这样的美女的暗恋者极多。适合女同事居多的环境使用。

第六种武器：自信

你应该懂得办公室不是男人的天下，你也应该知道你的权利和男同事是平等的，你更应该了解自己的能力不次于任何人。所以，你完全可以用充满自信的目光去看待每一件事、每一个人。

第七种武器：健康

现在，谁还喜欢像林黛玉那样的病美人？在工作场合，你成天一副痛苦相，别人看着也难受，还觉得你矫情，你不是让自己为难吗？其实，还有一种公用的最美丽的武器，那就是健康、快乐！其中的含义无须多说，你只需要明白，这正是你从事所有事业的基础。

2. 男人的武器

第一种武器：温柔

在办公室里，除非你是可以无法无天的老板，否则你就要学女孩子的温柔。温柔的含义有很多，比如你说话语气要表现得有张有弛、轻柔适度，声音不能太大，哪怕在你发火的时候，都要切记先露出你的笑容；走路的时候，别大步流星，不妨慢一些，让别人都觉得你不急不躁；面对异性，更要有一种体贴的成分。至少有九成以上的女人会欣赏男人的温柔，她们会因此获得对你而言的安全感。

温柔要用得恰当，用过了就会女里女气，性别反调。更有甚者，还会给异性错误的暗示：他爱上我了？

第二种武器：仔细

你工作做得越仔细，就越能帮助其他同事减少负担，你的任务完成得也就越完美。上司、同事都挑不出你的错儿来，他们能不喜欢你吗？

第三种武器：专注

专注工作的男人最有魅力。对待工作严谨、认真、负责，不仅能赢得上司的好感，而且还会得到同事的尊重。另外，专注工作也是你提高业务能力的重要品质。

第四种武器：果断

工作遇到难题不拖泥带水、瞻前顾后，敢于承担责任，向上司和同事展示你的果断和刚毅。

第五种武器：主动

主动干活、主动工作的男人，从来都是女人心目中的好男人，也从来都是上司眼里可以放心任用的好职工。

第六种武器：诚实

真正诚实的男人不是很多，因为男人好打赌、好吹牛，打赌和吹牛的时候，诚实的程度就不值得相信了。要想让你的同事喜欢你，你最好先做一个诚实的男人。

第七种武器：大方和大度

大方和大度的男人在职场很受欢迎，那些牢记着几年前别人骂过你一句话的人，会让同事敬而远之。相反，那些不斤斤计较并宽容的人非常容易引起同事的好感。他们会觉得和你在一起不累、踏实、很轻松，不会觉得你死板、不通世故。

办公室有些人不可轻视

在办公室里，有些人是不能轻视的，即便是你不喜欢他们。往往是这一些你看不上眼的人，在关键时候会让你大吃一惊。

1. 财务

在传统观念中，财务部门只是做财务报表、开单据。但在以数字化生存的时代里，财务人员已经从传统的配角逐渐走入参与决策的权力核心。他们对各个部门业务的熟悉程度极高，而对金钱的斤斤计较也使得老板对他们言听计从。另外，很多部门都需要和财务部门打交道。如果在报账等事情上和财务人员发生了矛盾，一些事情处理起来就会比较麻烦。

2. 人事

进入公司要靠他们，求得生存也要靠他们，加薪提升更要靠他们，因为他们无处不在。偶尔迟到、早退也许不算什么，但是只要他们想做，随时随地都可以揪你的小辫子，你的表现又会好到哪里去？敏锐的耳目，老板最需要。记住，即使在办公室里放松片刻，背后也有一双发亮的眼睛在盯着你。

3. 秘书

由于秘书工作的特性，使得秘书成为上司最亲近的人，扮演着老总的亲信、参谋的角色。她们虽然权力不多，但是她们的话却有很大的影响力。她们随便的几句话，就可以使你多年的努力会毁于一旦，也可以使你平步青云。她们可是决定你事业成败的关键人物，因而必须和她们和谐相处。

4. 心腹

他们可能是老总的旧日同窗好友,可能是童年伙伴、邻居,甚至可能是老总的太太。如果他们发起威来,经理主管们都唯恐避之不及,更何况是你?大哥大姐无处不在。进入公司的第一件事,就是把他们认出来,保持距离,这是你的最佳选择。

5. 邻桌

最了解你的人伤你最深,公司中谁是最了解你的人?你一举一动都在谁的眼里?谁能把你打电话的内容听得一字不漏?他就是你的邻桌。一旦你们日后成为竞争对手,你平日的不合规定的行为就极有可能成为他攻击你的把柄。因此,要尽量在邻桌面前保持警惕。

6. 总务

表面看来,他们显得无足轻重,不那么显山露水。但你却一步都离不开他们,小到一本记事簿,大到办公设备,难道你想让这些琐事败坏你一天的情绪,甚至败坏你的工作实绩吗?总务无所不包,甚至包括你的升迁机会。所以,对他们要有礼貌和耐心。申领一本簿子按规定程序办有什么大不了?总比背后被他们说三道四强。

7. 网管

如果换个名称称呼,你就明白他们的厉害了——资讯管理人员。在信息时代里,信息就是公司的资本和生命。他们不仅管理全公司的电脑系统,而且还掌握着公司最机密的资料,当然也包括你的一切秘密。只要他们动一动手指,你的所有资料都可能不翼而飞,到那时再后悔可就太晚了。

成为职场明星的策略

职场明星在任何条件下都能把工作做得更好，使别人相形见绌。他们对公司利润的贡献要比别的人多得多，因而经常被称之为"一比十"，意思是说他们中的一个抵得上 10 个普通职员。在多数的公司或集团中，明星的比例占 15% 到 20%。造就明星的因素是什么？归根结底是他们对待与处理其工作的策略。智商、创造力、社交技巧或学历等，都只是标记，更重要的是潜力，是如何将自己的特质运用在工作上。为此，每个新人都应该学习下面这 6 种策略。

1. 学会差异化竞争

职场中优秀的人很多，你如何能在短时间内引起上司的重视呢？这就要学会差异化竞争。所谓差异化竞争，通俗地说就是要让自己具备独特的竞争力。比如，同样都是打字员，一个人一分钟可以打 50 个字，另一个人一分钟可以打 100 个字，这样后者就在求职上占有优势。当两个人打字的速度相同，每分钟都能打 100 字的时候，那位懂得 photoshop 的人，就会在竞争中胜出。这就是差异化竞争。

2. 增强自己的团队合作精神

现代社会分工越来越细，一个工作项目需要多人完成甚至是上千人的参与，单打独斗的时代已经过去了。要想成为职场明星，必须学会与人合作。一个精通业务的员工，如果他仗着自己比别人优秀而傲慢地拒绝合作，或者合作时不积极，总倾向于一个人孤军奋战，这是十分可惜的。多个人的合力远比一个人的力量大，你应该学会借助他人的力量使自己更优秀。

3. 自我管理，积累资本

职场明星之所以很成功，和他们的自我管理有很大关系。他们虽然服从上司的管理，但他们的心从不受到束缚，几乎顽固地坚持着自己的理想，为此甘愿承受重负；他们有着果决的行动力；他们对人生一向抱着积极热忱的态度；他们有着行之有效的自律生活，以及踏实的生活态度。所以，他们理当受到生活的厚遇，在平庸中脱颖而出。职场明星不用主管交代任务，自己在项目完成前半年就开始自问："我的档案中还有什么特殊经验？下一项任务怎样才能提高我对公司的附加价值？"职场明星每时每刻都在思考：我怎么才能使自己活得更有价值？哪些经历和技能是我真正需要的？他们深知，这是自己的责任，而不是公司的责任。

4. 精心经营职场人脉

在好莱坞，流行一句话："一个人能否成功，不在于你知道什么，而是在于你认识谁。"一个人要想成为职场明星，必须精心经营自己的职场人脉。现在，很多职场人都开始懂得人脉的重要性。某公司的公关部经理李小姐，为了便于与人联系，把自己的通讯录变成了一张行业人脉覆盖图。她在每个行业下面的栏目内，标明所有的人脉关系情况。"没有的就先空着，还能随时提醒自己去挖掘和逐步完善。"李小姐说，她每个月都会对这张人脉图做一次整理，不断丰富该图的内容，这就等于她的工作已经不断深入到了各行各业。这张人脉图为李小姐的工作开展提供了很多有效的帮助。

5. 学习扩大视野

一般员工习惯用自己的观点去看世界，而真正的白领明星则会认识到，他们必须了解各方面的观点和意见，并不时问自己："我的上司对此怎么看？客户们对此怎么看？竞争者对此怎么看？"他们会建立自己的工作案例，发展出认知模式，然后应用于自身。他们也将每项任务视为经验的积累，尝试完成不同的任务。而表现平庸的职员往往目光短浅，故步自封。

6. 不夸大自我的领袖能力

职场明星的特殊能力往往展现在带领一组人完成工作，而不是在所谓领袖的伟大理想和魅力上。他们充分了解并发挥 3 种领袖特质：拥有广博知识，适时创造能力，并关注小组中的每个成员。职场明星是非常行动导向的领袖，他了解自己的责任是建立组织中的动力，同时也不遗漏任何细节，例如准时开会、设定目标等。

不要逃避应酬

有人是这样解释应酬的：应酬就是为了达到某种目的，去做不想做但又不得不做的事。为了自己的相关利益，去一些自己不情愿去的地方，做一些自己不情愿做的事情，说一些自己不情愿说的话，见一些自己不情愿见的人。常听一些人抱怨社会上的应酬：白天忙了一天已疲惫不堪，下了班还要跟客户、同事联络感情，简直"痛苦"极了。可是，在竞争日益激烈的社会上，要想达成合作，当你跟其他竞争者的条件相差无几时，彼此的"感情"往往是达成合作关系的临门一脚。如果你喜欢广交朋友，对你来说，职场应酬就可能是件轻松且愉快的事儿；但如果你不善此道，就要想方设法为自己寻找"捷径"了。

1. 寻找"志同道合"的人畅聊

友谊是人生最重要的内容之一。人人都需要朋友，如果你对友谊是重质不重量，就先跟聊得来的人交朋友，平时打电话关心对方，或是下班后相约去喝杯鸡尾酒。谈话内容不要刻意只锁定在工作上，可以找些生活上的话题互相交换意见。这样做，可以为以后与不是一类人之间的应酬做好预演。

2. 参加各式应酬的目的

很多交际应酬虽不需要有太多压力，但对个人而言，也要付出时间甚至是金钱的成本。一个星期如果天天下班后与客户、伙伴聚会，体力可能也吃不消。初涉职场的新人如果工作性质常常有下班后的聚会，先不要拒绝，尽量都去尝试一下，在此过程中观察哪些人跟自己比较聊得来，或是哪些人以后可能有合作的机会。

3. 做应酬的主人

在能力和条件允许的前提下，你也可以成为制造应酬的人。不要总把应酬当做讨对方欢心的事情，在应酬形式的设计上也可以兼顾自己的喜好。如果你和对方都恰好比较喜欢运动，不妨相约一同去健身，只要双方愉悦就好。

4. 积极参加使自己放松的应酬

并不是所有的应酬都是要硬着头皮参加，有些应酬也可以放松自己的身心。比如在下班后的聚会中，人们往往会松弛上班时紧绷的神经，更容易轻松地交换意见、建立友谊。如果你还认为这是多余的付出，那只会给自己带来痛苦。试着结交新朋友，真诚地从他们那里学习生活和工作的经验，轻松地交流思想。这不失为一种较好的放松方式，同时又拓展了人脉。

总之，应酬不是十恶不赦的罪犯，关键要看自己以什么样的心态去应对。

有些时间不能吝惜

时间是宝贵的，我们总希望在有限的时里间做自己喜欢做的事情，做更有价值的事情。但很多时候，在职场的许多东西都是靠花费时间才获得的，而这些时间是不能吝惜的。

时间也是成本，投入的成本就要获得相应的收益。也就是说，在为某件事投入时间后，要保证这段时间的效益，这就涉及时间管理的问题。时间管理的目的就是在有限的时间里做最有效的事。怎么才算最有效呢？刚踏入社会的头几年，职场新人的职业目标还不是非常明确。如果愿意，可以做多方面的尝试，因为你还有相对充裕的时间和机会去认识自己、认识社会，从而完善你的职业目标。但是，你必须注意，时间是有限的，你的这个尝试期不能拖太长。一般来说，一个大学毕业生参加工作三年内，如果能小有所成的话，那么以后的职业发展就会顺利得多。所以，只有抓紧时间，切莫白了少年头，空悲切。而在具体的学习过程中，就要明确自己的优势并将其尽量放大后去推销自己，为自己争取一个好的职业平台。即使在一个好的职业平台上，也要持之以恒才能铁杵磨成针。面对各种困难、挫折，都要保持一颗平常心，因为初入社会必须经历一些事情，早经历就会早成熟。没有经历挫折、困难，你就不可能成长、成熟；没有遭遇背叛，你就不可能懂得真诚的可贵；没有残酷的竞争，你就参不透生存的艰辛……这些都是初入社会的学习内容。

把握了以上关键点，还要明确如何使自己的时间效益最大化。通俗地说，就是如何才能花更少的时间学到更多的知识，这就不得不需要注意自己的学习方法。

1．坚持系统的整合、学习

聪明而有效学习的人，总是能够将知识融会贯通，举一反三，将自己头脑中的知识串联起来，构成一幅大的画面。这就是对知识的整合学习。知识整合讲究的是思想的连接而不是死记硬背每个独立的知识点，它将看似不相关的各据一处的知识、经验连接到一起，从而构成一幅大的知识图。

2．优化学习方式和习惯

要学会良好的学习习惯，使自己能够自觉地将每件事、每项知识都能以整合性的思维去举一反三，就要培养良好的学习和思维习惯。

第一，使你要学习的知识、经验变得鲜活。研究显示，当人们处在情绪饱满的状态下时，就能接收更多鲜活、生动的信息。将知觉与想象灌入平淡的知识能让它们显得更加真实，从而方便人们理解接纳。因此，需要经常以饱满的情绪和状态将知识调动成鲜活的东西，以利于吸收！

第二，正确运用比喻法则。知识整合的核心就是将事物联系在一起。比喻本是一种文学手法，用于将两件看似不相干的个体联系到一起，这与知识整合的核心不谋而合。用比喻将复杂的知识简化，以达到言简义丰的效用。这样做，既有利于将知识联系到一起，又有利于激发自己的发散性思维。

第三，像小孩子那样去学习。用你对10岁小孩讲解知识的方式对自己解释知识。不过，重点是你要试着剥去那层复杂的外壳，让知识以最原始、最简单的形式呈现在自己面前，使自己清楚地认识到事物的本质。

第四，善于与过去相联系。今天在公司遇到了一件事情，需要一个新的知识点来解决，并由这一知识点联想到之前遇到的某个概念。将这种思维方式持续下去直到你把很多的知识、事情和经验等联系在一起，你的知识和能力就会呈几何倍数增长。

第五，严谨思维，不留空隙。在工作中，如果在某事上发现自己存在知识漏洞或对内容不确定，一定要特别留意。立刻查缺补漏，确保以后不会再出现这样的问题。

第六，压缩简化，抓住主干。当你面对没有规律、繁杂而又枯燥的东西时，要尽量压缩这些信息，通过图片或记忆法来把它们划分成小块，以方便记忆。

第七，养成良好的记录习惯。随时随地将你遇到、学到的知识记录下来，并以发散性思维将其与以往的知识进行联系。记住，关键是：写的过程也是思考的过程，而不是最后的成品。所以，哪怕是潦草的构图也能节省你的学习时间成本。

先思考，再行动

"学而不思则罔，思而不学则殆。"这句话告诉我们要善于思考。歌德曾说："谁没有用脑子去思考，到头来他除了感觉之外将一无所有。"行动是思考的结果，无论做什么事情都要先有缜密的思考，才能开始行动，而且思考要占用整件事情的80％的时间。思考的工作做足了，留下20％的时间实施就矣了。

当瓦特看到水开了，在不懈的思考中发明了第一台蒸汽机；牛顿看到苹果落地，经过冥思苦想，发现了万有引力定律。瓦特、牛顿的生命，因思考而精彩。"生命应留些时间思考"，说出了思考与学习、思考与工作、思考与生活之间的内在关系，也道出了思考与人生之间的必然联系。只有善于思考的人才能不断提升自身的价值，只有善于思考的人才能提升生命的高度。

思考可以化解矛盾的症结，使僵化的思维方式疏通，变得清晰，以便构建新的思维和理念。古今中外，凡成大事者都养成了勤于思考的习惯。思考不仅支撑着一个个有所成就的生命，也将这些生命的领地进一步拓宽了。

"只有思考力而没有执行力只是成不了大事罢了，然而只有执行力而没有思考力则很危险。"这是国学大师翟鸿燊说过的一句话。他揭示了思考与做事之间的关系。

有这样一个关于思考与做事的哲理故事：母鸡和猪商量合伙做鸡蛋火腿肠买卖，母鸡出鸡蛋，猪出火腿，按三七分成，母鸡分三成，猪占七成。猪觉得这个买卖自己占便宜了，没有思考就欣然同意了。但是，猪哪知道生意的成本，母鸡只要下蛋就能得到利润，自己却要付出生命的代价。如果行动前没有经过充分思考，那么执行能力越强，错得就容易越离谱，导致的灾难就越严重。这是一个看似可笑的故事，却将不善于思考的后果呈现在了我们面前。

余敏是某公司的技术员，两年前的一次紧急出差令她"终生难忘"。由于双方业务人员的疏忽，前期的相关事宜没有联系好，也没有与余敏等技术人员进行必要的沟通。等余敏到达现场之后才发现，客户方几乎缺少所有的技术条件，根本无法开展工作。作为服务商在现场唯一的代表，身为技术人员的余敏只能一方面联络总部准备技术条件，一方面承受心急如焚的客户对余敏等人的冲天怨气。事后，余敏对这件事进行了深刻的总结："做什么事情都应该先想清楚了再做，想都没想清楚就做那是瞎做，只会越做错得越离谱。"做一件事，连自己的目的、可行性都没搞清楚，那是做的什么事？在以后的工作中，每每碰到所谓"紧急情况"，即使上司再三催促，余敏都要经过一番周密的思考之后再开始行动，前期的思考工作都力求做得充分一些，调查研究再细致些。因为她知道，计划阶段的小小瑕疵，很可能会在执行阶段被放大成一个个巨大的陷阱，所耗费的人力、物力、财力，可不是计划阶段的小小一瞥这么简单。对于其他的职场人来说，可能也都遇到过类似余敏的情况。因此，也就要深知思考与行动的关系，一定要思考充分之后才能开展行动，以免走冤枉路。

职场如此，人生更是如此。因此，无论什么事都要想好了再做，重来和半途而废的代价都是惨重的。

职场新人七步开启职业人生

作为职场新人，首先面临的是职业生涯的起步阶段。从本质上说，这还是一个学习阶段，只不过学习的不再是书本上的理论知识，更多的是工作规则以及方法和技巧等。很少有新人能够一进入工作环境便如鱼得水。在这一阶段，大多数人一开始满怀希望，雄心勃勃，但现实往往让他们很失望。陌生的环境、复杂的人际关系、较长的工作时间及较低的报酬，没有成就感……几乎所有的新人都会遇到这些问题。

其实，对于新人而言，这一切都是正常的，因为不论哪个公司、哪个单位，对于新人多少都有些排斥心理。新人是新增加的竞争对手，是新生的敌对力量，职场老将们害怕被新人超越，承受的压力更大。而新人们因为缺乏社会经历和工作经验，加之小心翼翼的言行举止，又让老将们内心非常不屑。老将们这种害怕和不屑共存的矛盾心态，会让新人们无所适从。但是，新人作为新鲜血液，他们有着很多老同事渐渐遗失的热情和真诚的工作态度。因此，职场对于新人还是保持着欢迎态度的。所以，初涉职场的年轻人，不要轻视自己的力量，也别惧怕陌生的环境所带来的压力。只要提前做好充分的心理准备，学习、理解并遵守职场生存的规则和方法，就一定能够胜任自己的岗位，并最终取得认可，为自己的职业生涯奠定良好的基础。

第一步：集中火力，全力以赴

面对新工作、新局面，你需要打起精神来对付，与新同事相处，掌握新业务的处理技巧，给新客户营造良好印象……这时候，你绝对不能疏忽大意，必须摆脱其他干扰。你请朋友最好不要往办公室里打电话，最后推掉无关的应酬和聚会，也暂时忘掉家里的烦心事，全身心地投入是完全必要的。

第二步：不要总是揽事上身

记住你不是超人，公司雇你也不是为了解决所有的问题。做好你职责范围内的重要工作就可以了，不要忙着给其他部门提建议、搞策划。手头抓一大摊不该你管的事，结果一件也没做好，反而把自己的任务给耽误了。到时候，上司还要责罚你办事不力。集中精力做好自己的事，不仅合理，而且聪明。

第三步：保持中立，避免卷入是非圈

同事间免不了聊聊天，说说是非。不用不信，也不用全信。仔细倾听，察言观色，认真琢磨，以判断哪些是可信的，哪些是无稽妄言。不过，不必声明你的立场与见解，毕竟你还是新人，对公司内幕及人事纷争完全无知。盲目地发表意见，说不定就会站错立场，无意中冒犯了你的上司或同事。

第四步：学习适应企业文化

企业文化是指企业和企业人的思想和行为。公司的业务多种多样，公司的规模有大有小，公司的层次有高有低，这样就形成了不同的公司的不同的企业文化。企业文化是公司发展的软动力，往往比技术更重要。因此，你要学会适应公司文化。一个不能适应公司文化的人，注定会很快地被淘汰。

第五步：迅速进入状态，创造绩效

新人进入公司后，一般会有3个星期的学习、适应期。这个阶段，公司通常对新人没有绩效要求。但是，如果你能在这个时期迅速地进入状态，创造出绩效，那么你就会从新人中脱颖而出。因此，你不得不加快学习的速度，通过延长工作时间，或者向同事请教等多种途径来提高自己的工作能力。

第六步：不要忽视办公室着装

步入职场后，新人要注重自己的着装，整洁大方的着装会给大家留下良好的印象。新人的着装风格要和公司的整体文化氛围一致。套装、皮鞋、公文包虽然是职场的标志性穿着，但不一定就是最适合的装束。如果老板对着装没有要求，公司职员穿着都很随意，那么你的"严谨"装扮就显得格格不入。另外，穿着也不要百无禁忌，过于招摇，给人以不够自重的感觉。应在不同时间、地点场合选择相适应的服装。

第七步：不求完美，允许自己犯错

在高速的工作中，不少职场的先锋们都在将工作变为生活的全部，为工作欢喜为工作忧，工作中一味地追求完美。一旦在工作中遇到挫折，就会灰心丧气，不能原谅自己犯下的错误。这样做只能增加自己的心理负担，并不能解决问题。什么事情都有一个度，追求完美超过了一定的度，就会变得不完美，就是在和自己较劲了。长此以往，心里就有可能系上解不开的疙瘩。因此，要允许自己适当犯错。

第二章 职场人际关系规则

任何时候都需要合作

合作已成为现代人的共识。在一个分工精细化的社会里，单靠个人的力量很难完成整个部门的工作。只有齐心协力，才能取得佳绩。现在的部门越来越类似团队化，各自负责其中一个模块。如果互相内斗，每个人的工作都会受到影响，进而影响到整个公司的发展。个人与公司在同一条船上，公司发展受阻时，个人的前途也会受到影响。因此，要强化团队合作意识。

狼和狈是动物中最佳合作的典型代表，这两种长相十分相似的动物，都是喜欢偷吃猪、羊的野兽。狼的两条前脚长，两条后脚短；而狈却是两条前脚短，两条后脚长。狈每次出去都必须依靠狼，把它的前腿搭在狼的后腿上才能行动，否则就会寸步难行。比如，狼和狈走到一个人家的羊圈外面，里面有许多只羊，但羊圈既高又坚固。于是，它们想出了一个好主意：让狼骑在狈的脖子上，再由狈用两条长的后腿直立起来，然后，狼就用它两条长长的前脚，攀住羊圈，把羊叼走。

职场中，各人的学历、专业、能力以及工作分工不同，所发挥的作用也不一样。这就如同一台机器，大家都是机器上的一个零件，没有哪个零件在离开别的零件时还能发挥固有的作用。只有同心协

25

力，机器才能运转起来。现在的职场已不适合个人英雄主义。不要轻视同事，如果与同事相处不融洽，就会给你的工作带来很多困扰。

人们常认为，人与人之间的利益相争不是你赢就是我输。所以，大家往往只顾着自己的利益，不惜损害别人的利益。在职场中，一个部门里可以看到许多现象：同事之间关系很淡，在一种虚假应付中维着持彼此间的关系；见别人加薪或者薪水比自己高，内心就非常不舒服，工作中便开始排挤和抵制对方；为了争一个职位，大家会斗得头破血流，关系也变得非常紧张；如果看到有些同事在工作中遇到了麻烦或者犯了大错，不但不出手相助，还会落井下石。这种没有合作的紧张的工作关系，到最后伤害的是每一个人。

有两个人都是公司的老员工，同在品质部工作，一个负责公司的 ISO 体系，一个负责公司的 COC 体系。原本两个人相处得很融洽，后来为了争夺经理职位，开始明争暗斗。结果，负责 COC 工作的员工赢了，当上了经理，另一位依然是主管。落选的那位主管心里非常不满，开始在工作中有意为难当选的经理。客户来评审的时候，ISO 体系和 COC 体系常常是放在一起评审的。为了发泄自己的不满，每当客户查到公司 COC 体系存在问题时，那位主管不但不帮忙，反而还要落井下石。而那位经理为了除掉该主管，也是故意向客户泄漏公司 ISO 体系的漏洞，结果导致客户评审好几次通不过，流失了不少订单。最后，老板知道了实情，便把他们双双炒了鱿鱼。这个故事就告诉我们职场中人，一定要学会合作，培养自己的双赢意识。

帮别人就是帮自己

"赠人玫瑰，手有余香"，相信大家都明白其中的道理。在职场中，还有更深一层的意义，即主动积极地帮助别人，实际上也就是在帮助自己。我们常说职场如战场，但它毕竟不是真正的战场。战场上，如不消灭对方，就会被对方消灭。而现实的职场却不一定要这样做，人与人之间何必非得争个鱼死网破、两败俱伤呢？只要拥有宽阔的心胸，在帮助别人的时候，也成就了自己。

如果有一天你的同事请你帮忙，你会不会接受呢？你应该采取什么样的态度呢？同事之间固然存在着某种竞争，但同事遇到困难也应积极帮忙。能够帮助别人是最起码的做人原则。帮助别人的同时，也可以成就自己。一个待人缺乏热心，不善合作的人，事业上是很难有所建树的，也很难在激烈的竞争中立于不败之地。

帮助同事，有时只是一些小事。比如，同事不在时，帮忙接一下电话；同事工作比较繁重时，尤其是遇到困难解决不了时，要尽可能地给予帮助。同事升职加薪时，要给予祝贺，而不要心生妒忌之情。乐于助人的人也会得到别人的帮助。如果同事有事时，你一副自扫门前雪的样子，当你遇到困难时，别人也不会伸出援助之手。

有两个年轻人甲和乙应聘到某公司同一个部门，负责维护公司的管理体系。其中，甲比较有经验，而乙却是个生手。所以，甲做事非常顺手，深得上司的器重和欢心。而乙主要处于学习和摸索阶段，上司又没时间教他，甲更是在旁边看他的笑话，不愿教他分毫。有一次，公司派他们一起去做管理评审。甲早早就把工作做完了，而乙忙到下班都还没做完，拿出的报告也不完善，被上司叫到办公室责骂。甲看在眼里乐在心里，觉得对方没有一点竞争力，以后自

27

己升职就不会有任何阻力了。就这样，几个月过后，上司把没经验的那位炒掉了，只留下甲一个人。由于公司不想再招聘人，甲一个人不得不干两个人的活，结果累得苦不堪言。

其实，职场中需要的是互相帮忙、互相照顾，这样的工作环境才会很愉快。你在帮别人的同时，也为自己积累了好人缘，为自己多铺了条路。

有了人脉便如鱼得水

斯坦福（Stanford）研究中心曾经发表一份调查报告，结论指出：一个人的成功，12.5%来自知识，87.5%来自人脉资源。许多成功人士都信奉一个哲学："20岁到30岁时，一个人靠专业、体力赚钱；30岁到40岁时，则靠朋友、关系赚钱；40岁到50岁时，靠钱赚钱。"所以，一个人要成功，就要善于不断地开拓和积累自己的人脉关系。

飞黄腾达是很多人的梦想。对于没有特别背景和雄厚资金的我们而言，这个梦想的实现需要贵人的提携。我们总以为贵人遥不可及，其实只要你留意人脉关系，你就会发现，生活中从来不缺贵人。他们可能就是你的同学、朋友、同事，甚至是萍水相逢的人。事实上，你可以通过人脉网络找到你的贵人。研究表明：不管你和对方身处何处，你和世界上的任何一个人之间只隔着4个人。不用惊奇，你和奥巴马或比尔·盖茨之间也只有4个人，而且构成这个奇妙6人链中的第二个人，竟是你认识的人，他也许是你的同事，也许是你大学同学，更可能是办公室里每天帮你擦桌子做清洁的阿姨……仔细想想，通过做清洁的阿姨的人际网竟可以让你联系到奥巴马，这是不是很奇妙？在当今社会，谁都希望能走上成功的大道。但现实中，绝大多数职场人士却很难获得真正的成功。如果你仔细去观察，就会发现那些成功人士很注重发展自己的人脉关系，结果自己的事业越做越宽、越做越大。而忽视人脉积累的人士却只能单打独斗，靠自己的双手勉强应付自己的生活。所以说，人脉才是成功的关键，它是一本无形的存折。

台湾凌航科技董事长许仁旭，就是一个靠人脉竞争力打天下的典型。当年从彰化县鹿港小镇只身到竹科闯荡，许仁旭并没有显赫的学历与家世背景。但是，如今外界估计他目前的身价高达数十亿元，并身兼十几家科技公司的董事长。有人问他成功在哪里？他说："就是靠朋友。朋友越聚越多，机会也越来越多。很多的机会当初自己没想过，也没看到。这些，都是机缘。"许仁旭口中的"机缘"，在朋友眼中，其实是由重义气累积而来的。

曾经有位培训师讲过这样一个故事：他曾有幸参加乔·吉拉德关于人脉的演讲。演讲前，他不断地收到乔·吉拉德助理发过来的名片，在场的两三千人几乎都发到了。没想到，等演讲开始后，乔·吉拉德又把他的西装打开来，在现场至少撒出了3000张名片，全场更是疯狂。他说："各位，这就是我成为世界第一名的推销员的秘诀，演讲结束！"

许多人以为，只有保险、业务员、记者等行业才需要重视人脉，因为人脉是他们吃饭的家伙，也是最大的资产。但事实上，无论处于哪个行业，人脉都是成功的关键。在好莱坞，流行一句话：一个人能否成功，不在于你知道什么，而是在于你认识谁。现实中，许多自认为能力出色的人，却一直难以取得成功，其问题就主要出在这里——忽视了拓展和积累自己的人脉。有些人在经营自己的人际关系时，总是以利益为导向。如果有求于对方，便拼命讨好别人，而对一时似乎不会给自己带来利益的人，就不把他们放在心上。其实，很多人脉是在一种偶然条件下起作用的，因为未来不可预期。在不确定的某个时间里，你就可能会用得上他，或者他会给你带来一个成功的机会。

不要损害别人的利益

不少人都有一种苦恼：与同事、下属的关系很僵。与同事见面，大家都对你冷冰冰的，工作上也不断抵制你。下属跟你也磕磕碰碰的，给他们交代任务时，他们似乎很不情愿地应付着。你甚至有时会感觉自己被大家封杀了一样。有些人遇到这种情况，见别人对他不友好，马上就火冒三丈，从台面下斗到台面上，结果让自己的处境越来越艰难。其实，碰到这种情况，你要从自己身上找原因，看看自己有没有侵犯别人的利益。

某主管对钱看得非常重，只要有利益，不管大小，他都会一个人独吞。例如，带下属出去工作的车费、餐费他每次都是独吞；每个月公司给部门的奖励，在没发下来之前，他都是忽悠下属说到时候一起去吃饭或者游玩，等奖金一下来，整个组的奖金都到他腰包里去了；部门经理安排他去办点事，他每次都要从中揩点油水。久而久之，他的吝啬也声名远扬了。接下来，这位主管也吃了不少苦头，下属们一个个都跳到别的上司那里去了。他常常抱怨下属们脑有反骨，因而对他们大发雷霆……

遇到问题时，人往往只想从别人身上找原因，而从不问自己的过错。这位主管就是犯了这种错误，因为过于注重金钱而侵犯别人的利益。要知道，人都是趋利的。当你侵犯了别人的利益时，你就伤到了别人的根本，必然会遭到别人的反感和报复。而唯有尊重别人的利益，给对方属于自己的利益，甚至超越对方的预期，大家才会青睐你、拥护你，这种合作模式才能长久。

有 5 个人曾经住在一起，每天分一桶粥。但要命的是，粥每天都不够吃。一开始，他们抓阄决定谁来分粥，每天轮一个。于是乎，每周下来，每人只有一天是饱的，那便是自己分粥的那一天。后来，他们也发现了这样做的缺陷，于是开始推选出一个道德高尚的人出来分粥。结果，强权产生腐败，大家开始挖空心思去讨好他、贿赂他，搞得整个小团体乌烟瘴气。这样下去也不是办法。于是，大家又开始组成两人的分粥委员会及三人的评选委员会，又导致互相攻击扯皮，等粥分下来时全是凉的了。

最后，他们想出了一个方法：轮流分粥，但分粥的人要等其他人都挑完后再拿剩下的最后一碗。为了不让自己吃到最少的，分粥的人都尽量分得平均，就算不平，也只能认了。就这样，大家快快乐乐、和和气气，日子越过越好。

人与人之间离不开合作，离不开良好的人际关系，而这些都是以尊重别人的利益为基础的。善于尊重别人的利益，也就会获得更多的利益。

经营自己的人缘

每个人其实都有一份温情，都是很容易被感动的，而真正感动一个人的未必都是慷慨的施舍、巨大的投入。往往一个热情的问候、一抹温馨的微笑，就足以在人的心灵中洒下一片阳光。只要平时真诚热情地对待别人，你与别人之间的关系纽带就会越来越强。完全没有必要靠利益去获取，往往只需相聚时给对方一片温情。事实上，"人缘"的获得就是这样"廉价"而简单。

在职场中，很多人已经认识到：工作就是一种人际关系的经营。人际关系好的人，工作做得顺利，晋升也非常地快，而人际关系比较糟糕的，很多事情做起来会不顺利。例如，相处不融洽时，与其他部门协助工作，简单的事情也会拖上一段时间；如果相处和谐，别人就会在第一时间帮你处理。

有一位年轻人，无论学历还是能力，在单位都是首屈一指的。他认为，是金子总会发光，自己迟早会得到公司的重用。可是，他的人缘关系不是很好。他为人比较直，书生意气比较重，总认为主动和上司交谈是在巴结上司。在这种心理作用下，他在公司工作了一年，跟部门经理没说过一句话。一年后，公司提升干部，一些能力不如他的同事因人缘比较好，被提升了，而他依然是一名普通职员。他无法接受这个现实，非常愤怒地向公司提交了辞职书。经理召见了他，问他为什么辞职。这位年轻人开始向经理诉说："我在公司，能力不比谁差，学历也不比谁差。可有些能力和学历都不如我的人都提升了，我为什么却不能提升呢？"经理听后，告诉他："你说你很有能力，可我并不了解，也从来没有看到。既然没有让我看到，我又怎么相信你的能力，又怎么去提拔你呢？"

良好的人际关系不是一天两天就能建立起来的，需要你长期用心去投资。比如说，平时多关心一下同事，帮他们处理一些困难；下班的空闲时间跟他们多去聚一聚，吃吃饭，逛逛街，关系就密切了。跟上司的关系也一样，平时多沟通，多汇报一下工作。哪怕见面时友善地笑一笑，也会引起他对你的好感和关注。不要等着有求于人的时候才忙着与之建立关系，而是要把与别人的良好感情当做长期投资。有些人现在可能对你没什么用处，但关键时候他对你就可能至关重要，决定着你的成败。

20世纪30年代，每天早晨，有一位犹太传教士总是按时到一条乡间土路上散步。无论见到何人，他都会热情地打一声招呼："早上好！"其中，有一个叫凯瑞的年轻人，对传教士这声问候，起初很冷漠。因为在当时，当地居民对传教士和犹太人的态度普遍很差。但是，年轻人的冷漠并没有改变传教士的热情。每天早上，传教士仍然给这个一脸冷漠的年轻人道一声早安。

转眼几年过去了，纳粹党上台执政。有一天，传教士与一群犹太人被纳粹党集中起来，送往集中营。在下火车列队前行的时候，一个指挥官在前面挥动着棒子，叫道："左，右。"被指向左边的是死路一条，指向右边的则还有一线生机。当传教士的名字被这位指挥官点到的时候，传教士浑身颤抖，走上前去。当他绝望地抬起头来，目光一下子和指挥官相遇了。这个指挥官就是凯瑞，传教士习惯地脱口而出："早上好！"指挥官的表情虽然没有过多的变化，但手中的指挥棒却指向了右边。传教士终于得到了生还的机会。试想一下：如果没有传教士几年来对凯瑞的"早上好"，他生还的机会又有几分呢？那可谁也说不定。

靠利益维持的关系是虚假和短暂的，感情其实是最好的投资。没有利益付出，却能收到永久的回报，真可谓一本万利。

要有宽广的胸怀

海纳百川，有容乃大。一个人只备具有宽广的胸怀，能够容忍别人的差异性，才能使得组织和团队活力四射。

胸怀宽广的人总能包容别人的差异性，并力图使这种差异性成为推动企业发展的动力。麦当劳总裁克罗克就深谙这个道理。克罗克的用人哲学是："如果在一个企业中，有两名主管的想法一样，则其中一名便是不必要的。"麦当劳鼓励公司内部意见纷呈，各主管人员的想法和创意各不相同，在背景和个性上也迥然不同。麦当劳公司是一个真正的人才大熔炉，麦当劳的员工都有着各自不同的背景和个性。他们当中有警察、法官、牧师和银行家，还有篮球明星、足球运动员。他们当中许多人都脾气古怪，但麦当劳能够容忍他们，并给他们很大的自由度，让他们发挥各自所长。克罗克举止高贵，谈吐优雅，他讨厌衣装不整、举止散漫的人。但只要这样的人对企业作出贡献，他就能够容忍他们甚至给他们很高的权力。克罗克讨厌长头发，但他任命了披着长发的克莱恩出任广告经理，因为他设计出了麦当劳叔叔；克罗克也看不惯别人上班衣装不整齐，但对董事长透纳脱掉外套、卷起袖子办公的样子却视而不见。克罗克的包容为麦当劳营造了宽松的气氛。所有的麦当劳员工都不拘泥于传统，都喜欢标新立异，并对事业有着饱满的热情和干劲。他们个性迥异，为人处事也各有不同，但他们都充满活力和热情，都是麦当劳不可缺少的一分子。

自古成事的风云人物，哪位不是手下人才济济？然而，许多职场人士害怕优秀的下属对自己构成威胁，降低自己在下属中的威信，于是往往表现出忌才、压才，逮住机会就给下属穿小鞋，竭力打压下属的生存空间，硬生生地把下属逼走。

历史上，汉高祖刘邦因能网罗人才而获得天下。刘邦是个地痞流氓，没文化，也无治军的经验；与项羽交手，屡战屡败，多次险当俘虏。大魏时，阮籍评价他说："时无英雄，遂使竖子成名！"但他有自知之明，放手让张良、萧何、韩信等贤才为他出谋划策、征战沙场。特别是他大胆地起用了韩信，封坛拜将，最后垓下一战击败项羽而终得天下。坐在皇帝宝座上，他自豪地说："安邦兴国，立万世不拔之基，我不如萧何；运筹帷幄，决胜于千里之外，我不如张良；帅百万雄兵，攻无不克，战无不胜，我不如韩信。然此三人均能为我所用。"

能容忍与自己意见不一的人。在日常工作中，往往会遇到下属一些观点直露、态度激烈、言辞尖刻的批评，但这往往也是下属出于工作之心的缘故。因此，你在用人上，要不计前嫌，要有"宰相肚里能撑船"的度量。

这一点在李世民与魏徵身上表现得淋漓尽致。魏徵原是太子李建成手下的第一谋士，为李建成出过许多良策，好几次把李世民逼入绝境。后来，李世民不得不发动玄武门之变，把李建成集团消灭魏徵也因此成了阶下囚。许多人建议李世民杀掉魏徵，李世民不但不杀他，反而重用他，让他成了自己身边的一面镜子。李世民虚心向魏徵请教治国之策，于是才有了贞观之治。

能容纳犯过错误的人。对那些犯过错误又勇于改正的人才，应给予他们施展才干的机会，不能一锤定音，让人翻不了身。事实上，有些犯过错误的人往往是最终能成功的人。

刘秀大败王郎，攻入邯郸，检点前朝公文时发现大量讨好王郎，辱骂甚至谋划刺杀刘秀的公文。但刘秀不听众臣劝阻，全部付之一炬。他说："如果追查，必会引起人们的慌乱，甚至逼他们成为我们的死敌。如果宽容他们，则能化敌为友，壮大自己的队伍。"正是刘秀的宽容才使他终成帝业，统一全国。

一个篱笆三个桩，一个好汉三个帮。要想获得成功，就必须具备宽广的胸怀，使各路人才都汇聚在自己门下，为自己出谋划策。

别让误会加深

误会总是发生在人不理智的时候，往往是在不了解情况、缺少思考、感情极为冲动的时候发生的。在与人交往中，误会难免会产生，发生了误会后，千万不可听之任之，或碍于情面而让误会继续下去，这样只能使误会加深。

以前在美国阿拉斯加某地方，有一对年轻人婚后产下一子，而那位太太因难产而死，只留丈夫一个人抚养孩子。丈夫忙于生计，又要忙着看家，因无人帮忙看孩子，他就训练狗照顾孩子。而那只狗聪明伶俐，懂得照顾小孩，咬着奶瓶给孩子喂奶喝。

有一天，主人出门去了，叫它照顾孩子。他去了别的乡村，因遇大雨，当日不能回来，只好第二天才赶回家。狗一闻声，立即跑出来迎接主人。他把房门打开一看，发现到处是血，抬头一望，床上也是血，孩子不见了。狗在身边，满口也是血。主人发现这种情形，以为狗性发作，把孩子吃掉了，盛怒之下，便拿起刀向着狗头一劈，把狗杀死了。

之后，他忽然听到孩子的声音，看见孩子从床下爬了出来，于是抱起孩子。孩子虽然身上有血，但并未受伤。他很奇怪，一时不明原因，再看看狗身，腿上的肉少了一大块，旁边有一只狼，口里还咬着狗的肉。原来是狗救了小主人，却被主人误杀了……

职场中也常常出现各种误会情况，比如一件事情没做好，本来不是你的责任，上司却误解为是你的过错，因为他只看结果，而不关注你做事的过程。如果你不及时解释清楚，就会给上司留下不好的印象，严重影响你在部门里的发展。与同事相处，也可能因为一些利益的瓜葛，或者说了一句无意的话，而在双方心里产生波澜。

某IT公司的小张就曾遇到过一件很尴尬的事。小张在一家集团公司负责培训工作的时候，有一次客户来评审，刚好有一个培训课程，对方要求提供培训记录。于是，他带着评审员去找了负责讲这堂课的经理。但那位经理根本没有做这个培训，于是被客户判了一个"不符合项"。之后，麻烦就来了。那位经理见了小张像见到仇人一样，而且他下面的工作人员也纷纷抵制小张。后来，小张才知道事情的真相。原来小张与品质部的一位负责人关系比较好，而那天陪客户审查的正是那位负责人。所以，那位经理误以为那次评审事件是别人借用小张暗地陷害他。误会产生起来很简单，但一旦没及时处理，就会引发许多不必要的麻烦。

由此，我们可以看出及时消除误会很重要，因为一个小小的误会会牵连到很多事和很多人，所以误会产生后一定要及时消除。

不可轻视暂时不得志的人

职场中，人们眼里盯着的都是一些比较有权势的经理等头面人物，而对于有潜能而暂时没有升上去的同事往往不予以重视；对于犯了错误，或者在争斗中处于下风的管理者甚至报以嘲笑。以这种态度和方式去经营人际关系，最后可能要吃大亏。其实，经营人际关系就像买股票一样，在股票高价时你拼命买入，最后可能要吃大亏；而如果在股票低价时买入，可能就有大钱赚了。在职场中，得势的高层你可以去尝试一下与其搞关系。但同时对于暂时失势的管理者，你也要去尊重他们，努力与之建立关系，要记得"冷庙也要烧香"。人往高处走，水往低处流。人的眼睛常是往高看的，眼睛里只有一些很起眼、很红火的人。为了得到他们的欣赏和提拔，往往对他们加以奉承，想方设法地帮他们做事，希望能得到赏识。而对于一些暂时失势的人，很多人往往不屑一顾，甚至还要加以嘲笑和落井下石。其实，要知道世间万物一切都是发展的，三十年河东，三十年河西，今日失势的他们往往会知耻而后勇，再加上自己的能力，翻身非常容易。如果你这时候忽视他们，甚至轻视和攻击他们，就可能会给自己的将来埋下祸根。

李广是西汉名将，曾多次击退匈奴的进攻，人称"飞将军"。有一次打了败仗被革职后，有一天晚上带着几个随从过关。此时城门已锁，李广的随从上前对县尉说："这是前任李将军。"可这个县尉就是不给面子："就是现任将军也不能违犯宵禁，更何况是一个被革职了的前任将军？"县尉说得在理，李将军便只能屈尊在驿亭过夜。不久，匈奴入侵，过关斩将，来势汹汹。情急之下，皇帝又起用李广，任他为将军，而李广上任后的第一件事就是带兵去将那个侮辱他的县尉处死。

世事变化无常，人不能只盯着眼前的利益，眼光要放远些。其实，冷庙更需要烧香。一些失势的人，眼前可能很落魄，但很多人不用多久就能东山再起。如果现在不搞好关系，等他翻身后再去抱佛脚，是没有多少价值的。而如果你平时就烧好了香，到那时他就会非常信任你、重用你。有时候，失势的人比当前得势的人更值得你去投资。因为得势的人正春风得意，对他溜须拍马的人非常多，根本不可能注意到你，而且也关照不到，最后空忙一场。而一时失势的人就不一样了，你这时候去尊重他、帮助他，效果就完全不一样。历史上有很多名人关键时候就是做了这样正确的选择。

三国时，曹操与袁绍在官渡决战。那时，曹操军队是袁绍军队的十分之一，曹操完全处于劣势。这时，曹操这边有许多文官武将暗中写信，想投奔袁绍，都把赌注压在占尽优势的袁绍一边。而郭嘉却看准曹操能以弱克强，反败为胜，一心为曹操出谋划策，最后一举灭了袁绍势力，郭嘉也成了曹操身边的第一谋士，受尽恩宠。同时代的诸葛亮也是这方面的高手。很多人不明白当时他为什么不去投奔孙权，而选择缺兵寡将，几乎没有容身之地的刘备。但事实证明诸葛亮的选择是对的，因为当时孙权的确比刘备占尽优势，但孙权已有基业，身边谋士极多，根本没有他表现和发挥的机会。而刘备则大不一样，身边就几个武将，又很有潜力。所以，诸葛亮投奔过去后，立即就被放在最重要的位置上，最后大功告成，官至丞相。

暂时失去权势的人其实有时更值得你去投资，至少不要轻视他们。因为他们身上还有余热，也非常有可能东山再起。失势时重视他们，更容易得到他们的信任。

求助的代价

当你急需或者接受一个人帮助的时候，一定要想一想这个帮助的代价是什么？因为老天是公平的，它不会将免费的午餐奖励给任何人。所以，下一次再求人之前，一定要仔细想清楚。

对于个人而言，吕西蒙曾经说过：一个人的力量总是有限的，外力作为一种辅助力不可或缺。接受了别人的帮助，就总有一天要还。正如那句有名的电影台词，"出来混早晚是要还的"。因此，在伸手寻求别人帮助的时候，一定要告诫自己"世上没有免费的午餐"，自己将要以怎样的代价来消化今天获得的帮助。

有这样一个故事。在纽伦堡附近的一个小村子里住着一户人家，家里有 18 个孩子。一家之主、当金匠的父亲几乎每天都要工作 18 个小时来养活这 18 个孩子。尽管家境如此困苦，但家中年长的俩兄弟都梦想当艺术家。不过他们很清楚，父亲在经济上绝无能力把他们中的任何一人送到纽伦堡的学院去学习。经过夜间床头无数次的私议之后，他们最后议定掷硬币——失败者要到附近下矿 4 年，用他的收入供给到纽伦堡上学的兄弟；而胜者则在纽伦堡就学 4 年，然后用他出卖作品的收入支持他的兄弟上学，如果必要的话，也得下矿挣钱。在一个星期天做完礼拜后，他们掷了钱币。弟弟阿尔勃雷喜特·迪奥勒赢了，他离家到纽伦堡上学，而艾伯特则下到危险的矿井，以便在今后 4 年资助他的兄弟。阿尔勃雷喜特在学院很快引起人们的关注，他的铜版画、木刻、油画远远超过了他的教授的成就。此时，他的润笔费已经完全可以资助自己的哥哥去上学，自己也就不用去下矿井了。

当年轻有为的画家回到家乡时，引起了很大的反响。席间，阿尔勃雷喜特从桌首荣誉席上起身向他亲爱的兄弟敬酒，正是因为他多年来的牺牲才使阿尔勃雷喜特得以实现自己的志向。"现在，艾伯特，我受到祝福的兄弟，应该倒过来了，你可以去纽伦堡实现你的梦，而我应该照顾你。"年轻的画家已经感动得哭了。

此时的哥哥艾伯特坐在角落里，泪水纵横。他连连摇着低下去的头，呜咽着再三重复："不……不……不……"最后，艾伯特起身擦干脸上的泪水，把手举到额前，柔声地说："不，兄弟，我不能去纽伦堡了。这对我来说已经太迟了。看……看一看4年来的矿工生活使我的手发生了多大变化！每根指骨都至少遭到一次骨折，而且近来我的右手被关节炎折磨得甚至不能握住酒杯来回敬你的祝酒，更不要说用笔、用画刷在羊皮纸或者画布上画出精致的线条。不，兄弟……对我来讲这太迟了。"年轻画家如遇雷击，自己多年的勤奋努力为的就是报答哥哥的资助之恩，可现在岂不是要自己在心中愧疚一辈子。

"无能"之能

俗话说，棒打出头鸟。一个人能力太强、学习成绩太好，往往在集体中都不太会受欢迎。就像中庸之道中讲的：中庸即中和，不是平庸碌碌无为，而追求的是不亏不盈，可进可退，不急不缓、不过不及、不骄不馁，得人生大智慧与为人处世中较为完美的平衡点。

《唐伯虎点秋香》让我们认识了一个风流不羁的唐伯虎，那么，真实的唐伯虎又是什么样子呢？话说唐伯虎是明朝的大画家，他少年得志，十几岁就高中解元，因而非常狂放。他不但诗写得好，画技也很高。于是，他恃才傲物，自认为自己的画，是华夏一绝，天下第一，无与伦比。因此，他时常将画桌摆到当街上当场作画，每次都能引起不小的轰动，他的虚荣心也总是能得到不小的满足。

有一次，他又当街作画，引起了围观。他刚画好一朵牡丹花，这时，几只彩蝶从花间飞来，围着画纸上那朵牡丹翩翩起舞，"啊！唐解元的画真神了，竟连蝴蝶也给引来了！"围观的游客一片赞叹声。唐伯虎微微一笑，踌躇满志，非常得意。谁知这时，人群中却有一个人冷冷地说："哼！雕虫小技，这有什么值得大惊小怪的？"说话的是一个中年的书生，此人衣着朴素。他接着不屑地说："骗虫易，骗人难，你敢同我师父一尘长老比画吗？若敢，明天，请你到金山寺找我师父比试比试去！"话毕，这人转身就走了。

听惯了恭维的唐伯虎哪里咽得下这口气。翌日一早，他急匆匆地赶到金山寺，想找金山寺的一尘长老比画。他气冲冲地在金山寺的内殿大门上重重敲了三下，寺门"吱呀"一声打开了，面前站着正是昨天奚落他的那个中年书生。他与唐伯虎打个招呼，便指一指身后的一间禅房说："一尘长老在里面，你快去吧！"唐伯虎转身一看，这大殿旁边有一间小小的禅房，里屋的那扇黑色的小木门已经打开，但门上还挂着一张门帘，帘上画着山水画，荷塘月色，非常雅致。唐伯虎急于进去比画，他一边用手掀门帘，一边低着头往里钻。不知怎的，门帘却没掀起来，头却"咚"的一声，碰在墙壁上。他骤然一惊，定神一看，我的老天，面前哪里有什么门，原来只是一壁墙，只是那墙上画着门框和门帘而已，他才知道自己把它当门，被骗了。他满脸通红，无比惭愧地对那个男子说："先生！你说得对，我的画只能骗蝴蝶等虫子，而你这画连我也被骗了，我知道你是谁了，祝兄在上，小弟实在不如兄长啊！今后还望兄长多多指教！"原来，敢于挑战唐伯虎的就是江南鼎鼎有名的画家祝枝山。

从此以后，两人相见恨晚，成了忘年交。唐伯虎在祝枝山的影响下，开始变得谦虚，也不轻易画画赚钱了。两人互相研究画艺，取长补短，唐伯虎的画艺，更加长进。最终，唐伯虎成为流芳百世的大画家。

在这个故事中，唐伯虎恃才放旷，不懂得收敛，终于败在了当时强于自己的祝枝山之下。回到当代的职场，如果你是一个和唐伯虎一样有才能的人，你会怎样做呢？有人说，当然是展示了，否则岂不空有一身好武艺。实则不然，如果你在职场中，将自己的才能展露无疑，那么就会很快成为众矢之的。因为你的才能高高在上，导致人人自危，那么谁会欢迎你、喜欢你呢？因此，很多时候都是"无能之人"最受欢迎。

《水浒传》中统帅群雄的宋江，在常人看来根本就没有什么人格魅力，更无一丝英雄气度。宋江武艺不如一寻常的地煞星，计谋不如吴用等人，却为一百单八将之首；《三国演义》中的刘备，人们说他的江山是哭来的，一遇到危险就痛哭流涕，演一曲"悲情秀"；《西游记》中唐僧呢，斗妖除魔的本事不但不济手下的3个徒儿，连胯下的白龙马都不如，身陷险境时，唯一能做的就是念救苦救难观世音的名号或者叫"徒儿快来救我"。但是，这3个"无能之人"中，宋江以梁山之首招安拜将；刘备三分天下；唐僧取得真经，功德圆满。3个"无能"之人最终成就大业。难道就是造化机遇、命该如此吗？

仔细分析，以上3人都有一个共同的特点，就是具备"无能"之能，即个人的文武之资质未必出众，但却有驾驭群雄、审时度势、借力打力、合纵连横的出众才能，更掌握一种要登堂入室、脱离草莽而必不可少的资源。而这些才能和资源，往往能克服自身的文才武略之不足，脱颖而出。"无能之人"的优势就在这里，你是无能之人，自然就会消除别人很多的猜疑和防范，人脉就会迅速建立起来。拥有了一个庞大的人脉网络，你离机遇、成功还会远吗？最重要的是你又不是真正的"无能之人"。

不为自己制造障碍

日常工作中，尽量不去得罪人，不为自己制造障碍，也不为他人制造不快乐。比方说，当你向他人委托某项工作后，却因为安排上的失误，在最后关头决定停止那项工作，并以一张传真告知对方。由于对方为了那项工作大费心思、调动自己的计划表以期全力配合，接获这样的通知自然感到不悦。对方肯定心想，下回绝不再与此人合作共事。这并不是纯粹因为生气而产生的偏差，而是因为担心这种情形再度出现。如果被得罪的人只是不想和对方再度合作，对于对方而言，可能构成不了重大损失。然而，如果此人在业界内传开此事，结果又将如何呢？对方当然未考虑到此点，在时刻意识着人际关系作用的人们看来，"本次的结果令人遗憾"。因此，想以一纸传真收场的做法简直是失败透顶。

中国传统上认为"多个朋友多一条路，少一个朋友添一堵墙"。因此，不要轻易得罪身边的任何人。

胡金辉是香港巨富，他曾这样说："处世方面，另外有一点，我觉得重要的就是千万不要得罪人！越有地位，越应该不得罪人。宁愿自己搽面惜膏，得罪自己。"

林肯是美国历史上最为人们敬仰的总统之一，他以伟大的业绩和完美的人格被后人传诵。但是，在他在成长道路上，也因为得罪了一些人而走了很多弯路。

也许你不会想到，林肯年轻的时候也是一个爱挑刺的人。他年轻时住在印第安纳州的一个小镇上，不仅专找别人的缺点，也爱写信嘲弄别人且故意丢在路旁，让人拾起来看，这使得厌恶他的人越来越多。后来，他到了春田市，当了律师，仍然不时在报上发表文章为难他的反对者。可是，最后一次的行为却他将自己逼近了绝境。那是1842年的秋天，林肯嘲笑一位虚荣心很强又自大好斗的爱尔兰籍政治家杰姆士·休斯。他匿名写的讽刺文章在春田市报纸上公开以后，市民们引为笑谈。一向好强的休斯大发雷霆，打听出作者的姓名后，立刻骑马赶到林肯的住处，要求决斗。林肯虽然不赞成，却也无法拒绝。后来，他费了很多周折，才将这件事平息下来。

这件事情过后，林肯进行了深刻的思考。他认识到，批评别人、斥责别人甚至诽谤别人的事就连最愚蠢的人都会做。而一个具有优秀品质并能克己的人，常常是扬弃恶意而使用爱心的人。林肯从此改变了自己对人刻薄的做法，以博大的胸怀赢得了民心。试想，如果林肯一直都是以得罪人为营生，又怎么会有后来的巨大成就呢？

对于人际关系的作用缺乏自觉的人，即使因为自己处理不当而造成别人的困扰时，也会出人意料地满不在乎。他们所抱持的想法是，即使和这位被自己得罪的对象今后不再有共事的机会，仍然会有其他机会。然而，因为这次失去的，并非只是你所得罪的对象一人而已。由于无论何种性质的公司都是隶属于某一业界的一分子，你必须考虑到被你得罪的对象，有可能在业界内大肆渲染。如此一来，你有可能同时失去一百人的信赖。

有这样一个乞丐变富商的真实故事。一个乞丐在地铁出口卖铅笔，这时过来一位富商。他向乞丐的破瓷碗里投入几枚硬币，便匆匆离去。过了一会儿，商人回来取铅笔，对乞丐说："对不起，我忘了拿铅笔，我们都是商人。"几年后，这位商人参加一次高级酒会，一位衣冠楚楚的先生向他敬酒致谢并告知说，他就是当初卖铅笔的乞丐。乞丐的改变得益于富商对人的态度，给了乞丐信心。但是，现实生活中，很多人给乞丐的多是白眼。这位富商能够如此尊重一个乞丐，相信他的人际交往中必定不会做出像林肯那样得罪人的事情。

在对待同事或者朋友时，要坚持说话把握分寸，这是一个人获得好人缘的最重要的原则之一。不去提及他人平日认为是弱点的地方，才是待人应有的礼仪。尤其是身体上的缺陷，他本人没有任何责任，同时也是事出无奈。所以，千万别用侮辱性的言语，对他人进行人身攻击，因为这是人际交往的大忌。

总之，不得罪人也是一种能力，需要不断地修炼和培养。现在，就让我们从小事做起，从身边的人做起，开始对人微笑。

哪里有"贵人"

除了工作中结识的朋友，我们还可以定期地参加一些培训，一方面是提高自己的身价，另一方面是确保自己紧跟时代步伐。而培训也还有另外的作用，那就是为自己与其他志同道合的人提供一个平台，不断扩大自己的"人脉圈"。

经常参加一些培训班或研习会，可以让自己认识到很多业内高手，增长见识。另外，培训班也为我们提供了拓展人脉资源的机会。在这里，只要你积极主动，做一个有心人，就可以结交更多的朋友，扩充自己的人脉资源。

在各种学习班或培训班中，会有很多的"贵人"相助，会使你进步很快。这些培训班或研习会不同于学院式的正规教育，参加培训班或研习会的人一般都是早已走向社会，有自己的事业，有自己职业的人，而且是一群力求上进，矢志成功的人。在这个学习的过程中，每个人的学习方式和结果都是不一样的。会学习的人比不会学习的人在相同环境条件下学得更多、更快、更好。这里的学习主要是听培训师讲一些新颖的观念和技巧；把培训师讲的内容记下来，加深一次记忆；以提问的形式与培训师互动；学友之间学习互动。在这种互动的过程中，可以使双方相互更加了解，进而结下更深厚的友谊。人们都说同学之间的友谊最纯洁，那么参加工作后，你在培训班里遇到的友谊也许是继大学时代友情后最真实的友谊之一，也会是人脉网络中比较稳定的。

很多培训班的人员均来自不同的群体、不同的行业。但这些并不重要，重要的是他们都有爱好学习，追求事业成功这一共同目标。如果是同行，可以彼此交换工作心得，探讨行业趋势，了解更多有关的行业信息。这些信息对于做决策、发展事业是极有帮助的。如果不是同行，那他就有可能成为你的顾客。同时，他也有可能带给你正在寻找的东西。在彼此的交流和你来我往中建立友情和人脉网络。

诺曼·拉文是美国的保险业明星，他就是一个善于在培训班上发展自己人际关系和人脉网络的人。拉文参加了许多培训班，也参加一些研习会。他参加的研习会多半是一年聚会一次，然后由每个会员平均分摊所有交通和住宿费用。他们每次的出席率，除了天灾人祸不可抗因素外，都高达 100%。他们有一个共同的默契，就是会中所讨论的每一件事都要保密，所有的资讯都只跟会员分享。他们彼此都变成非常亲密的好朋友，会经常联络，有事互相帮忙。他们每一位会员都有属于自己特别的气质与出众的个性，所以每一个人都会受到尊重，绝对没有因为业绩的好坏而有等级之分。这种研习会对任何一个行业都是一个很不错的组织，因为它可以激励与会者，激发出更伟大的梦想，给你力量去做更伟大的事业。如果你是获邀去参加培训班或研讨会，那就请你以开放的心胸和积极的态度参加。参加培训班或研习会可能会花不少钱。但是，训练需要花钱，不训练更需要花钱。

如果你现在没有加入任何一个研习会，不妨试试看，也许对你很有帮助。用诺曼·拉文的话说："即使是现在，我也仍和这些新朋旧友关系密切。我们互帮互助，相互提携，大家都很开心。事实上，我自己认为，就某个方面而言，这些人才是我最大的财富！"

只有利益是永恒的

本杰明·迪斯雷利说："没有永恒的朋友，没有永恒的敌人，只有利益是永恒的。"

首先，我们来看看，什么是朋友？什么样的人才可以称为朋友？有人说："朋友是可以一起撑着伞在雨中漫步的人，是可以一起沉溺于某种音乐遐思的人，是悲伤时一起落泪、欢乐时一起傻笑的人，是永远的朋友、一辈子的朋友。"朋友真的是始于偶然，止于永久么？听过的老歌，你能记得几首？交过的朋友，知心的又能有几个？所以，对待"朋友"还是要理性一些。

每个人都可以认真回想一下，曾经有那么多好朋友、铁哥们，是不是早已成为自己生命中的过客？朋友，说白了，其实也只是阶段性的。儿时的我们会有儿时的朋友，上了小学、念了中学、读了大学，到最后进入社会踏上工作岗位，每一个不同的阶段我们都会有一些不同的朋友。随着阶段的变化、层次的变化，我们身边的朋友也都在变换着。难道不是么？儿时的朋友或者念书时的朋友，都各自随着年龄的增长而有了自己的事业、自己的家。我们会接触新的朋友，建立新的友情。在大家彼此忙碌着各自的事业、各自的家庭时，那曾经的友情也会随着岁月的变迁而渐渐疏远淡薄，除非你的事业与你朋友的事业有着某种利益的关联性，那么，你们的这段友情还可以持久些，但谁又能保证自己的事业是一成不变的呢？当你的事业有了变化，和你朋友的事业没有了利与益的关系后，你还能保证和你朋友的友情会永久么？当我们长大了，可以理性思考的时候，像上述中的朋友不过是理论上有可能存在而已。

其次，我们再看看，什么是敌人？我们通常把那些对自己有着伤害的人称为敌人或仇人。

当我们受到了伤害，我们一定会对伤害我们的人耿耿于怀，或者咬牙切齿地许下承诺：君子报仇，十年不晚！十年，你想想，十年里将有多大的变化啊，更何况世界每天都在变，每一天都在提倡和谐。也许受伤的你每天都会在躲在黑黑的夜里舔舐着伤口，但十年的时间，你的伤口早已愈合，虽然会留下疤痕，但这个疤痕和你心中的仇恨也会被时间渐渐冲淡。时间改变了你，十年的时间锻炼了你的意志，让你学会了坚强、沉稳、成熟，更让你学会了感激。感激伤害你的人，因为他磨炼了你的心志；感激欺骗你的人，因为他增长了你的见识；感激遗弃你的人，因为他教导了你的自立；感激绊倒你的人，因为他强化了你的能力；感激斥责你的人，因为他助长了你的智慧……这时的你，似乎开始重新认识和审视所谓"敌人"的真正含义了。

是呀，经过了那么多的历练和磨难，你对所有的一切都已看得很淡然，冤冤相报，何时了？何不怀着一颗宽容的心去看世界呢？拥有一颗宽容的心，你也就拥有整个世界。此时，善良的你就会淡淡地笑着说：哪有什么永恒的敌人？当初的报仇之语，在现在的你眼中是那么的幼稚和多余。

最后，我们来看看什么是利益？所谓利益就是得利与得益了，也可以说是金钱上的得益，也可以说是对自己的事得利。无论是金钱上的得益还是对自己的事得利，人们在交往的过程中离不开"利益"两字，谁会去做对自己没有利益的事呢？商人经商离不开利益，你得利我得益，生意才会做得持久而不会倒闭；事业上的合作伙伴离不开利益，你得利我得益，合作才会愉快而不会另求门路；老板与员工，上司与下属，你给我奖金多了，我为你更卖力。就拿那些无偿献血的人来说，他们虽然是无偿的不图报酬的，但他们也得到了美名。因此，只有利益才是左右事物发展的最本质的动力之一。

人生在世，要清楚理性地思考问题，无论生活中、还是事业上都没有永恒的朋友，也没有永恒的敌人，只有利益是永恒的。因此，不要花费太多的时间在挽回昔日朋友、诋毁过去仇人等问题上，过好今天的日子、过好当下的生活才是最重要的。

出卖你的恰恰是离你最近的人

朋友往往是自己亲近和信任的人，但这些人也是最危险的，关键时刻出卖你的往往就是他们。

在森林大家庭中，生活着狐狸、刺猬、乌鸦等动物。其中，狐狸垂涎刺猬的美味很久了，但一直苦于刺猬的一身硬刺——只要狐狸一靠近，刺猬便蜷成一个大刺球，让狐狸一点办法都没有。刺猬和乌鸦是好朋友。一天，刺猬和乌鸦聊天，乌鸦很羡慕刺猬有这么好的铠甲，便说："朋友，你的这一身铠甲真的是好啊，就连狐狸都拿你没办法。"刺猬经不起乌鸦的吹捧，忍不住对乌鸦说："其实，我的铠甲也不是没有弱点。当我全身蜷起时，在腹部还有一个小眼不能完全蜷起。如朝着这个眼吹气的话，我受不了痒，就会打开身体。"乌鸦听了不禁惊诧，原来刺猬还有这样一个小秘密。刺猬说完后，对乌鸦说："我这个秘密只跟你说过，你可千万要替我保密。要传出去被狐狸知道了，那我就死定了。"乌鸦信誓旦旦地说："放心好了，你是我的好朋友，我怎么会出卖你呢?"刺猬很高兴，也相信乌鸦会守口如瓶的。

可是，没过几天，乌鸦就落在了狐狸的手心里。就在狐狸要吃掉乌鸦的时候，乌鸦突然想到了刺猬的秘密，便对狐狸说："只要你放了我，我就会告诉你一个秘密。这个秘密能让你尝到刺猬的美味。"狐狸便放了乌鸦，乌鸦便对狐狸说出了刺猬的秘密。后果可想而知。在刺猬被狐狸咬住柔软的腹部时，它绝望地说："乌鸦，你答应替我保守秘密的，为什么出卖了我？"

也许你会为刺猬鸣冤叫屈，但这又有什么用呢？它生活在一个充满危险、弱肉强食的森林里，就像当今赤裸裸竞争着的社会，当你的利益触犯了我的利益，即使是挚友也要以保住自身利益为前提的事情屡屡发生，而且不足为奇呀。常言道：朋友就是用来出卖的。这也许正是对时下的社会现实的一种不满和讽刺吧。

这个故事的本意并不是说就不能去交朋友，也没必要把自己层层包裹起来，不去向人倾诉。它只是说，关系到可能影响自己生命的秘密，千万不可轻易告诉他人。但如果说了，又被传出去了，就不要怨恨朋友出卖你了，因为第一个说出这个秘密的人正是你自己。自己都不能替自己保守的秘密，又怎能要求别人替你保守呢？因此，学会自我保护才是自己最应该做的事情，而不能把希望寄托在所谓的"挚友"身上。

众所周知，犹大是出卖耶稣的罪魁祸首。几个世纪前，一位大画家为西西里城中的一大座教堂画幅壁画，画的是耶稣的传记。他费了好几年功夫，壁画差不多都已画好，就只剩下两个最重要的人物：儿时的基督和出卖耶稣的犹大。

随后的日子里，画家不断物色这两个人物的模特人选。有一天，他在老城区里散步，看见几个孩童在街上玩耍，其中有一个 12 岁的男孩，他的面貌触动了这位大画家的心，就像天使——也许很脏，却正是他所需要写生的面庞。那小孩被画家带回了家，日复一日，耐着性子坐着给他画，终于画家把圣婴的脸画好了。但是，这位画家仍然找不到可以充当犹大的模特儿。随着时间的流逝，他生怕这一幅杰作会功亏一篑，所以继续不断地物色。许多人自以为面目邪恶，都毛遂自荐，替他充当犹大的模特儿。但是，画家心中那个不务正业、利欲熏心、意志薄弱的犹大却始终没有出现。

苍天不负有心人。终于在一天下午，上帝为他送来最合适的人选。当时，老画家照常到酒店喝酒。正当自斟自酌的时候，一个形容憔悴、衣衫褴褛的人摇摇晃晃地走了进来，一跨进门槛就倒在地上。"酒、酒、酒"，他乞讨着叫嚷。老画家把他搀了起来，一看他的脸，不禁大吃一惊：这幅嘴脸仿佛雕镂着人间所有的罪恶。老画家兴奋至极，立即把这个放浪的人扶了起来，并对他说："你跟我来，我会给你酒喝，给你饭吃，给你衣穿。"现在，犹大的模特儿终于找到了。老画家如醉如狂地一连画了好几天，有时候连晚上也都在画，一心要完成他的杰作。工作正在进行的时候，那个模特儿竟起了变化。他以前总是神志不清、没精打采的，现在却神色紧张，样子十分古怪，充血的眼睛惊惶地注视着自己的画像。有一天，老画家觉察到他这种激动的神情，就停了下来，对他说："老弟，什么事使你这样难过？我可以帮你的忙。"那个模特儿低下头，手捧住脸，哽咽起来了。过了很久，他才抬头望着老画家说："您难道不记得我了吗？多年以前，我就是您画圣婴的模特儿。"老画家顿时惊呆了。

谁也没想到，故事是这样的一个结局。一个原本是圣婴的人物，经过十几年的变化居然变成了"大反派"犹大的最佳人选。时间总是在变，环境也在不断变换。因此，一成不变的东西也许没有。我们也就不要寄托每位"挚友"都可以像曾经"海誓山盟"的那样做事。毕竟，人是自私的动物。所以，如果你遇到了被挚友出卖的事情后，一定要学会宽容。

宽容不仅可以润滑你们之间的关系，更重要的是可以给予彼此生活的勇气！

第三章　与上司相处的规则

只有一个上司

　　很多人都有一个疑惑：身为员工，你该对谁负责？很多人可能嘴上会回答：对你的工作负责，对你的直接上司负责。但实际上，大家在工作的时候，并没有按照这一条来操作。当今职场中，谁都想升职、加薪。尤其是现在部门职位非常有限，晋升就像挪凳子排队一样，你前面的位置空缺了，你才有机会排上去。很多人喜欢去巴结上司的上司，喜欢为他们效劳，希望得到他们的青睐和提拔。可结果真的如你所愿吗？答案是否定的。许多越级巴结的员工，其结局往往都比较惨。

　　有位主管的助理，权力欲非常强，见了公司的大老板就去巴结。有一次，公司某位董事成员让她独立负责公司的文控体系，并直接向董事汇报。那位女助理以为自己飞上天了，做事风风火火，编文件管理程序、出报告、派文件……结果都不向自己的上司及部门经理报告，而是迫不及待地直奔董事的办公室，直接汇报她的成绩。但两个月过后，她不但没升上去，反而直接被上司及部门经理封杀，谁也不愿意分派任务给她，也不支持她的工作。结果，她文控工作没做好，也失去了上司的信任，被打入冷宫。

　　喜欢越级的员工，往往结局都不理想。要知道，能够决定你工作和前途的是你的顶头上司。很多人可能看不明白这个问题，认为能给自己升职、加薪的是上司的上司，他们才最有权力。但是，能指挥你工作的人只有一个，这个人常常拥有对你工资的评议权，甚至直接决定发给你工资的多少。如果你想越过他而去面对他的上司，他会认为你想取代他，而别的上司也会觉得你野心太大，对你会很反感。你要很清楚，你只有一个老板，绝对不要"越级汇报"。不管你的叛逆精神多强，也不管你的人权平等意识多强，除非你打算和老板对着干，不然，就不要做这种"以卵击石"的事情。否则，境遇会对你很不利。你的上司能爬上这个位置，有他的功绩、关系，想取而代之并不是一件容易的事。

所以，你只需要对自己的老板负责，对其他人和颜悦色一点就好，不必过分地逢迎。毕竟，如果连你的老板都保不住自己了，你更不可能会是那些人的对手。你所要做的就是绝对地支持你的老板。当然，有意见可以提，但一定要在两人单独的场合。而且，老板就是老板，提意见也要用请教的口气。

上司看重的是什么

一盎司的忠诚胜过一盎司的智慧。工作中，工作能力固然重要，但与忠诚度相比，上司更欣赏你的后者。要想得到上司的欣赏，要么你就只低头做事，装作什么都不知道；要么就成为上司的心腹，跟他上同一条船，保持利益一致，而且还得表明你对他不会形成威胁。如果你能力太强，一眼就能看穿上司的棋局，却又不够安分，那你注定会被上司放在一边晾干。

一个工作快 10 年的中年人说起他公司的一件事情，他说："公司里一位负责供应商管理的主管另谋高就了，他是经理的心腹。他

53

的辞职给经理带来了很大麻烦，一大堆工作晾在那里，经理宁愿加班也不愿把工作转交给我的上司或我去做。后来，又去外面招了个能力平平的人接管这一块工作。有一次，上司跟我一起吃饭，他谈起了经理为什么宁愿从外面招人也不要他去接管。我笑着回答他：'你能力那么强，又那么聪明，你去接管供应商这一块，岂不是挡了经理的财路？'上司听了，哈哈大笑。"

对职场了解不深的人会认为能力很重要，只要做出了业绩就能得到上司的欣赏和重用，有时甚至公然展示自己的能力和抱负，以便让自己出类拔萃、脱颖而出。然而，职场真实的情况是：绝大部分上司不会去关注下属的业绩，他们关注的是下属的忠诚。因为大多数上司只在乎自己的利益。如果下属能力很强，但不忠诚，将会严重威胁到他的利益。公司里真的能做到爱惜人才、重视员工业绩的可能只有公司的最高老板，但这种人物往往是底层的下属接触不到的，上司也不会让你在他面前闪光。

有一位刚毕业不久的年轻人，认为只要业绩出色就能得到公司上司的欣赏，于是平时非常卖力，很关注公司的发展，也常给上司提一些良好的建议，但上司对这些一直没有兴趣。有一次周末下班后，上司跟他说了一句心里话："你以为公司经理们会为公司着想吗？在你忙碌着给公司卖力的时候，别人已经在外面大把赚钱了。"一句话点醒了他，他忽然觉得以前自己的想法和做法就像未经世事的小孩子一样。公司的高层都在为自己的利益忙碌，怎么会有兴趣关注一个下属的那点小业绩呢？

的确，上司关注的是你能不能给他带来利益，他只要你成为他的一颗棋子，能按照他的布局为其卖命。所以，他更关注你的忠诚，而不是你的能力。有时候，他宁愿用一个能力很平庸、处处听他摆布的人，也不肯用一个办事能力强的人，因为用一个不可靠的人很可能会坏了他的大局。明白了这一点，就能想通很多能力不错的人一直得不到上司重用的原因。

成为上司眼中不可缺少的重磅人才

"有业绩，更要人际。"这是职场中的一条规律。

在工作场合中，与上司建立良好关系并获得赏识，工作起来会比较顺。即使业绩不好，也会受到上司关照。可有人偏认为与上司搞好关系是走旁门左道，只有拿出好的业绩才是真本事。这种观念就大错特错了。

曾经连续 3 年被评为"销售业绩之星"的何小姐近日接到了公司人事部门"不予续签劳动合同"的通知。问及其中原因，她说："在公司里，与上司处好关系比做什么工作都重要。"

用何小姐的话来说，唯一有资格对你的业绩进行综合评判的是你的顶头上司。你的销售额再高，如果与上司处于对峙状态，上司也会从"团队建设、是否安心本职"等其他方面挑出毛病，让你无法安心工作，最终导致销售业绩下滑。换句话说，如果你不属于上司的嫡系人马，又不会讨好上司，即使像老黄牛一样勤恳，你的业绩评估也会受到不利的影响。

也许你像爱因斯坦一样聪明，创意也绝对独特，可为什么在别人眼中却依旧是无足轻重呢？先不要因此而抑郁，生活往往是可以改变的，试着按以下的要点做，你会成为上司眼中不可缺少的重磅人才。

（1）早到。别以为没人注意到你的出勤情况，上司可全都是睁大眼睛在瞧着呢。如果能提早一点到办公室，就显得你很重视这份工作。

（2）不要过于固执。工作时时在扩展，不要老是以"这不是我分内的工作"为由来逃避自己的责任。当额外的工作指派到你头上时，不妨视之为考验。

（3）苦中求乐。不管你接受的工作多么艰巨，鞠躬尽瘁也要做好，千万别表现出你做不来或不知从何入手的样子。

（4）立刻动手。接到工作要立刻动手，迅速、准确、及时地完成。

（5）谨言。职务上的机密必须守口如瓶。

（6）紧跟上司。上司的时间比你的时间更宝贵，不管他临时指派了什么工作给你，都比你手头上的工作重要。

（7）荣耀归于上司。让上司在人前人后永远光鲜。

（8）保持冷静。面对任何状况都能处之泰然的人，一开始就取得了优势。老板、客户不仅钦佩那些面对危机声色不变的人，更欣赏能妥善解决问题的人。

（9）别存有太多的希望。千万别期盼所有的事情都会依照你的计划而行。相反，你得时时为可能产生的错误做准备。

（10）决断力要够。遇事犹豫不决或过度依赖他人意见的人，是注定要被打入冷宫的。

对不同的上司有不同的策略

每个人的性格都是不同的，不同性格的上司往往有不同的上司风格。仔细揣摩每一位上司的性格，在与他们交往的过程中区别对待，运用不同的沟通技巧，就会获得更好的沟通效果。

1. 与控制型上司的沟通技巧

控制型上司的性格特征：强硬的态度；充满竞争心态；要求下属立即服从；实际，果决，旨在求胜；对琐事不感兴趣。

沟通技巧：对这类人而言，与他们相处，重在简明扼要，干脆利索，不拖泥带水，不拐弯抹角。面对这一类人，无关紧要的话少说，直截了当，开门见山即可。

此外，他们很重视自己的权威性，不喜欢下属违抗自己的命令。所以，应该更加尊重他们的权威，认真对待他们的命令。在称赞他们时，也应该称赞他们的成就，而不是他们的个性或人品。

2. 与互动型上司的沟通技巧

互动型上司的性格特征：善于交际，喜欢与他人互动交流；喜欢享受他人对他们的赞美；凡事喜欢参与。

沟通技巧：面对这一类上司，切记要公开赞美，而且赞美的话语一定要出自真心诚意，言之有物。否则，虚情假意的赞美会被他们认为是阿谀奉承，从而影响他们对你个人能力的整体看法。

要亲近这一类人，应该和平友善，也不要忘记留意自己的肢体语言，因为他们对一举一动都会十分敏感。另外，他们还喜欢与下属当面沟通，喜欢下属能与自己开诚布公地谈问题。即使对他有意见，也希望能够摆在桌面上交谈，而厌恶在私下里发泄不满情绪的下属。

3. 与实事求是型上司的沟通技巧

实事求是型上司的性格特征：讲究逻辑而不喜欢感情用事；为人处事自有一套标准；喜欢弄清楚事情的来龙去脉；理性思考而缺乏想象力；是方法论的最佳实践者。

沟通技巧：与这一类上司沟通时，可以省掉话家常的时间，直接谈他们感兴趣而且更具实质性的东西。他们同样喜欢直截了当的方式，对他们提出的问题也最好直接作答。同时，在进行工作汇报时，多就一些关键性的细节加以说明。

勇于近距离接触上司

人不仅是一种理性的生灵，也是一种感性的生灵。它的一个重要特征就是重视"关系"，也就是感情联络。想在职场中如鱼得水，你就要想方设法拉近与上司的距离，和上司全面地接触。

这就要求你学会利用和创造各种各样的机会，这些机会相当于"投资"，包括"工作投资"（工作中多汇报、多请示）和"感情投资"（除工作之外的投资）。其中，"感情投资"尤为重要。

与老板多接触，坐在老板身边的功夫绝非拍马屁、捧臭脚那么简单庸俗，怎样才能让老板赏识器重的同时，又让同事拍手称好呢？其中的分寸奥妙需要你智慧头脑的积极参与。

对于陌生的环境，我们往往以沉默拘谨应对，远离同事，尤其是远离上司。其实，这很不利于个性才能的发挥。如果换个角度思考，"坐在老板身边又何妨"？如果能经常有意无意地亲近老板，让他记住你，让他了解你的意见和想法，你才有可能收获意外的惊喜。

亲近老板要讲究一些方法和原则，否则，你讨好了上司就很可能失去群众的支持。严重的话，可能连老板也会因为觉得"人言可畏"而放弃对你的"宠爱"呢！

大学刚毕业的章琳和另外七八个年轻人一同被一家向集团化迈进、急需大批新生骨干力量的公司聘用。为了表示对这批"新鲜血液"的厚望和鼓励，老板决定单独宴请他们。

酒店离公司不远，新人们三三两两结伴而行，唯独将老板抛在一边。章琳看在眼里，不禁替老板觉得尴尬。于是，在进入酒店落座之前，章琳借故先去了趟洗手间。回来一看，果然不出她所料，同事们或正襟危坐、谨口慎言，或低头相互私语窃笑，不仅没人上前跟老板搭讪，更将其左右两边的座位空了出来。看见老板强挤出笑容的样子，章琳赶紧说："我建议咱们都往一起凑凑吧！"说完，便很自然地坐在了老板左边的座位上，并对老板投来的赞许目光报以会心一笑。

怎么样，章琳的做法够聪明吧！我相信，就连再尖酸的人也没道理指责她是在"拍马屁"了。本来这次老板就是想和新员工亲近一下，说不定还想借此发掘人才呢！可多数腼腆木讷的年轻人却辜负了老板的美意，把他晾在一边，他能高兴吗？

其实，其余的人肯定也想在老板面前好好表现，但就是碍于脸面，怕别人说是"马屁精"才退缩的。

一个不能主动为自己争取机会的人，如果被提升，将来管理公司、面对客户或参加为公司争取利益的谈判时怎么能有魄力和手段呢？如果换作你是老板，你会提拔这样的人吗？

那次晚宴，章琳给老板留下了非常好的印象。但毕竟只是一次饭局，何况章琳初进公司，还只是个小白领，她实在没有更多的机会接触老板。俗话说：做事不看东，累死也无功。要是没有老板的赞赏和支持，就算拼死拼活地干，要想超越上面层层"屏障"，也实在是太难太慢了。

章琳是个肯干也会干的人，她知道只有自己制造机会才能接近老板。经过努力，章琳不止一次在电梯里与老板"不期而遇"，有备而来的章琳没有像其他人一样硬着头皮和老板没话找话，而是笑吟吟地和老板打着招呼。要是老板问她最近工作如何，她自然是有条不紊、对答如流。但大多数时候老板都会和她聊一些轻松休闲的话题，章琳全都能随和对答，而且还了解到好多老板的个人爱好，更以此加深了老板对她的印象。

其实，聪明的老板是愿意给员工留下一个和蔼可亲的印象的，他也希望员工对他亲近相随。可因为自卑感和恐惧心在作祟，许多人见到老板都唯恐避之不及，何况是在几尺见方的电梯里呢？殊不知老板面对一个拘谨无措、憋得脸红脖子粗的人，也会觉得非常尴尬呀！

所以，你根本不用害怕没话说，因为一般在这种场合下，老板为了打消你的顾虑，会和你主动说些家常话。你只把这当做是一次亲近老板的机会，别战战兢兢的就行了。

公司里人多嘴杂，上面又有层层上司，怎样才能让老板看到自己的才能和干劲呢？把自己的工作报告直接呈给老板也太明显了，越级汇报容易让老板觉得你太张扬、太性急了。要是让自己的主管上司知道了，就更是吃不了兜着走了。

思来想去，章琳写了一份对公司发展前景的意见报告书给部门经理，经理看后说"很好"，只是有很多建议的实施自己没那么大权力做主。章琳借机说："其实，我们每个人都有一些建议，不如把老板请来和咱们部门座谈一下，这样不是显得咱们部门的人都有为公司着想、愿与公司共同发展的愿望和决心嘛！"经理一听，觉得有道理，当即邀请老板，老板欣然前来。

开会时，出于对章琳建议的肯定，部门经理安排章琳和自己分坐老板的左右。在会上，章琳又大大地表现了一番，当然是在发言上的慷慨陈词了。

会后，同事们都为能有这样一次与老板畅谈自己想法的机会感到兴奋，部门经理更是得到了老板的赞扬。其他部门也争相效仿，谁也没有歪曲地认为章琳是在抢风头、拍马屁。

要想亲近老板，让他赞赏你，又要上下不露痕迹实在是挺难的。稍微做得过火点儿，就容易被冠上"繁荣马屁文化"的"美"名。要是那样，就算老板提拔了你，其他人的风言风语和怒火口水也会淹没了你。但章琳呢，她可是把"苦干加巧干"贯彻实施得很到位啊！难怪老板喜欢她、群众拥护她呢，谁想挑理也挑不出了。

基于章琳的出色表现，公司提前结束了她的试用期。

成为正式员工的章琳大受鼓舞，她知道这是公司对她的肯定，更是老板对她的肯定。她想把自己的喜悦传达给老板，以证明自己是一个知道感恩的人。

经过细心观察，章琳找到了可以单独接触老板的机会。每天中午，公司里所有人都要去食堂吃午饭，老板总是去得很晚，也许是事情多脱不开，也许是不愿和员工挤在一起"抢饭"，每次老板到食堂时已经没什么人了。

那天中午，章琳借故晚去了食堂，"正好"碰见老板："董事长，没想到您也在食堂吃饭啊！"章琳自然达成了心愿，单独和老板有说有笑了一个中午。原来，老板也是个挺随和、爱聊天的人。

从那以后，章琳每隔一段时间就会"不经意"地和老板一起吃午饭。为了避免同事说闲话，她有时借口工作没完，有时出去办事晚回来一点，错过吃饭的高峰期。

也许你会觉得章琳太有心计了，也许觉得她颇有智慧，但她的这种做法对自己的职业生涯确实有好处。老板也是人，也需要在业余时间轻松一下。那些见到老板就像老鼠见到猫，总想绕道走的人只会与机会擦肩而过。何况，章琳也并没有只想着"巴结"老板而放弃对本职工作的钻研，更没有踩着别人往上爬。在职场上，像章琳这样采取"利己不损人"的正当手段为自己争取机会的做法，实属明智之举。

沟通才会消除障碍

谈到和上司沟通，很多下属都面露难色，尤其是不少白领丽人。尽管上司对自己也算不错，而且彼此并无大的冲突，尽管心理上也明白沟通的重要性，但是一旦工作起来，仍会自觉不自觉地减少与上司沟通的机会，或者减少沟通的内容。这样做不利于你的发展，因为与你的上司充分沟通永远是职场人必须熟记的生存法则。"沟通"之所以如此重要，是因为通过沟通才能使你的上司了解你的工作作风、确认你的应变与决策能力、理解你的处境、知道你的工作计划、接受你的建议，这些反馈到他那里的信息，让他能对你有个比较客观的评价，并成为你日后能否提升的考核依据。

职场中很多员工都在抱怨，每天超过一半的工作时间都用在了"上上下下的沟通上"。有时候沟通得不好，还会使好事变成坏事，不但影响了整体的工作效率，还使自己受到上司的指责。

在一家美资公司做行政主管的 Cindy 对此深有体会：公司要召开经理级会议，老板让她拟好会议日程和安排，然后下发到每位参会者手中。Cindy 很快做完了这件事，并把提纲 E－Mail 到老板的私人信箱里。可是，临近开会的前两天，老板却很不满意地责问她为什么还没有看到她的计划。原来，老板那几天正好和客户谈合同，很忙，根本没时间看电子邮件。老板提醒 Cindy 以后要注意，重要的事情应该再打个电话追问一下。

千万别假定自己所寄发的信或传真、邮件已被对方收到，这是 Cindy 的深刻教训。

"一半的时间用来沟通"并不意味着你的沟通是有效的。但只有有效的沟通才能使工作顺利进行。职业发展到一定阶段，很多人的发展瓶颈就集结在人际沟通上。由于与上司或同事的沟通不畅，导致业绩不佳或人际关系紧张的案例非常多。

在我们的工作中，有许多过失都是因为没有掌握沟通技巧而造成的。比如，由于对上司的指令没有及时反应，或不能迅速贯彻他的计划，导致他对你失去信任，这就会影响到你在他心目中的形象。假如老板说："这份合同利润太低，我们不做了。"你可能会因为前期投入较大的精力而对这种放弃的决策心存异议，甚至因为你没有及时通知你的下属终止这份合同，从而使一切按照你原定的计划和步骤进行了。那么，在这种情况下，请想一想，如果你是老板，又会怎样看待这样的下属？你会对违背你命令的人委以重任吗？所以，如果你不能通过沟通让上司采纳你的建议，那就一定要把上司的决定在第一时间传达给有关人员并立刻执行。

经验告诉我们，个人的事业成功在初期主要依靠自身的教育背景和职业能力，上升到中高期时就会遇到人际沟通的天花板。作为下属，要有效地完成老板交代的任务，沟通是很重要的。

重视上司身边的 "红人"

每个公司都有一些与上司关系非常密切的 "红人"，他们对上司的决策、用人及其他问题的看法都会产生重要的影响，而且这种影响在许多时候可能会是决定性的。

有些人认为，在公司里只要尽心尽力，取得业务实绩，赢得上司的赏识和欢心，加薪提升便指日可待了，而没把上司身边的那些心腹放在心上。他们认为，这些人跟自己也没什么直接关系，没必要重视他们，只要不得罪就行了。殊不知，这样一来，会让自己走不少弯路。

有个小伙子刚满 24 岁，就已经是部门主管了，而且很有发展前途。一到各部门主管开会的时候，他就去了，一屋子的中老年人，越发显得他更有朝气。他总是先听，然后再三言两语地发表自己的意见，既切中要害，又显得谦虚，令人叹服。

公司的老板对他十分欣赏，对他的意见和建议十分重视。可是，他对老板倒不那么恭敬，而对老板的得力助手——分管人事的副总却出人意料地亲近。逢年过节，必会登门拜访，且总要拎一点家乡的土特产。

大家很奇怪，老板明明是一个很有魄力、知人善任的人，可他为什么一个劲地讨好后者呢？于是，有关系比较近的朋友去问他，他说，老板是个正人君子，用不着顾及和他的关系，只要你好好干，他对你就满意了。那副总则不然，这种人虽然没多少业务方面的本事，但他的心眼都用在为人处事上。如果他在背后给你起点消极作用，你也吃不消呀。我之所以和他那么好，就是希望他不要在背后给我做手脚，那就谢天谢地了。

那分管人事的副总对这个小伙子也很好，经常向这位小伙子通报一些情况，两人相处得非常融洽。

长期以来，我们已经形成了一种思维定势，那就是有能力、有学问、有头脑、有良好品德的人受人尊重，我们跟他比较亲近。对于专门斗心眼，一心钻营的人，我们往往躲着他们、疏远他们。结果呢？自己给自己设置绊脚石，只好磕磕绊绊地走在艰难的谋职路上。

这个小伙子做得对，很多老板身边的"红人"，虽然没有决策权，但却十分知情，对老板有很大的影响力。如上级的副手、上级的秘书、上级的太太，他们对一些事情往往有举足轻重的作用。

三国时的曹丕是曹操的大儿子，他和弟弟曹植争夺世子的宝座。曹植自恃文才过人，父亲又重才胜过一切，便不拘小节。曹丕自知文才不如曹植，便在一次送行时，一语不发，叩头大哭，令曹操感动不已。

曹丕素日尊敬父亲身边的一切人，从而顺利地走上了从政之路。据史书记载，他还是一个很有政绩的帝王。

现在看来，曹植对父亲的作用过于夸大。他以为父亲是说一不二的，只要父亲喜爱自己，就不必顾及其他人了。曹丕就比较聪明，他调动了父亲方方面面的"亲信"为自己说话，终于取得了最后的成功。

老板身边的"红人"出于其地位上的原因，比老板更需要尊重和理解，他们虽然没有直接的决定权，但却拥有自己的圈子和能量，千万不要低估，更不能回避，否则容易产生一些不必要的失误。如果他本身并没有很强的工作能力，就更要敬他三分了，免得牵动他那敏感的神经。

及时梳理与上司的关系

在工作中，经常会在不经意间得罪某个上司，而你自己却浑然不知，等到弄明白是某个上司误解了你的时候，已经为时晚矣。

5年前，李强还是基层车间的一名钳工。后来，厂宣传部调来了一个姓方的部长，见李强文笔不错，便顶着压力将李强调进了宣传部当宣传干事。从此，李强对方部长的知遇之恩一直铭记在心。两年后，李强在厂办当了秘书，成了厂办王主任的部下，精明的李强很快就得到王主任的喜欢。

没过多久，李强明显感到方部长和他渐渐疏远了。经了解，才知道现在的上司王主任和从前的上司方部长之间有私人恩怨，因而，方部长总是怀疑李强倒向了王主任那边。

其实，引发方部长对李强误解的"导火索"很简单：在一个雨天，李强给王主任打伞，却没给方部长打伞。这还是很久以后方部长亲口告诉李强的，而事实上李强从后面赶上去给王主任打伞时，并没有看见方部长就在不远处淋着雨，而误会却就此产生了。

一气之下，方部长在许多场合都说自己看错了人，说李强是个忘恩负义的人，谁是他的上级，他就跟谁关系好。李强其实根本不是这样的人，他也浑然不知所发生的这一切，直到方部长在背后说的那些话传到李强耳里，李强才感到事情的严重性。

对此，李强自有他的处理原则。

一是让时间做公证。正所谓"路遥知马力，日久见人心"，方部长在气头上说自己是忘恩负义的人，一定是自己在某一方面做得不好。现在向方部长解释自己不是那样的人，方部长肯定听不进去。自己到底是个什么样的人，还是让事实来说话，让时间来检验吧！

二是遵循"解铃还须系铃人"的法则。既然方部长误解了自己，还得自己向方部长解释清楚，自己既是"系铃人"也是"解铃人"。要化干戈为玉帛，还要靠自己用心努力去做才行。

有了解决问题的原则，李强便采取了以下6个方法来努力消除方部长对他的误解。

（1）极力掩盖矛盾。每当有人说起方部长和自己关系不好时，李强总是极力否认这回事，他不想让更多的人知道方部长和自己有矛盾。李强此举的目的是想制止事态的继续扩大，更利于缓和矛盾。

（2）公开场合注意尊重上司。方部长和李强在工作中经常碰面，每次李强都是主动和方部长打招呼，不管方部长爱理还是不理，李强脸上总是挂着微笑。有时，因工作需要和方部长同在一桌招待客人，李强除了主动向方部长敬酒，还不忘告诉大家自己是方部长一手培养起来的，自己十分感激方部长。李强此举的目的是表白自己时刻没有忘记方部长的恩情，又怎会是忘恩负义之人？

（3）背地场合注重褒扬上司。李强深知当面称赞赞别人不如背地褒扬别人效果好。于是，李强经常在背地里对别人说起方部长对自己的知遇之恩，自己又是如何感激方部长。当然，这些都是李强的心里话。如果有人背地里说方部长的坏话，李强知道后则尽力为方部长辩护。李强此举的目的是想通过别人的嘴替自己表白真心，假如方部长知道了李强背地里褒扬自己，肯定会高兴的，这样更有利于双方误解的消除。

（4）紧急情况"救驾"。平时工作中，李强若知道方部长遇到紧急情况，总是挺身而出及时前去"救驾"。如有一次节日贴标语，方部长一时找不到人。李强知道后，主动承担了贴标语任务。类似事情，李强一直是积极去做。李强此举的目的是想重新博得方部长的好感，让方部长觉得李强没有忘记他，仍是他的部下，有利于方部长心理平衡，进而消除误解。

（5）找准机会解释前嫌。待方部长对自己慢慢又有了好感以后，李强便利用同方部长一同出差去外地开会的机会，与方部长很好地进行了交流。方部长最终还是被李强的诚心打动，说出了对李强的看法以及误解李强的原因——"雨中打伞"的事。李强闻听后，再三解释当时自己真的没看见方部长，希望方部长不要责怪他。方部长也表示不计前嫌，要和李强和好如初。李强此举的目的是利用单独相处的机会弄清被误解的原因，同时让方部长在特定场合里更乐意接受自己的解释。

（6）经常加强感情交流。方部长对李强的误解烟消云散之后，李强不敢掉以轻心，而是趁热打铁，经常找理由与方部长进行感情交流。或向方部长讨教写作经验，或到方部长家下棋打牌。久而久之，方部长更加喜欢这个昔日部下了。李强此举的目的是通过经常性的感情交流来增进与老上司之间的友谊。

功夫不负有心人。在李强的不懈努力下，方部长对李强的误解彻底消除了，反倒觉得以前说的话有点对不住李强。从那以后，方部长逢人就夸李强是好样的，两人的感情也与日俱增。

与上司交谈要有规矩

与上司交谈，无论聊天还是谈论工作，都要把握好分寸，不可无所顾忌，这样才不会给上司抓住把柄，留下不好的印象。

作为下属，不要随便打断上司的讲话。

无论是在正式场合，还是非正式场合，随便打断上司的讲话，都会被酷好面子的上司认为是不尊重他。中国官场有句话，官大半级压死人。上司认为，他的身份地位高，在讲话时就应该具有优越性，就不应该被下属随便打断。你随便打断他，就是无视他的权威，就是不尊重他，就是不给他面子。

初入办公室的新人，往往容易犯这个错误。在学校时，"民主"的气氛相对浓厚一些，学生们往往拥有较强的自我意识。踏入职场，身上"自由"的分子一时消除不干净，就忍不住冲动，好表现自己。当上司讲错话时，就挺身而出，打断上司的讲话，指出上司的错误，并洋洋自得地给予纠正。或者自己有更新的观点和更好的创意，就迫不及待地打断上司，阐述自己的观点。小心眼的上司被你这一搅和，自然心中大为不悦，过后给你小鞋穿，也就在情理之中了。

牛俊如履薄冰一般通过了一轮又一轮的考试，终于如愿进了一家著名的 IT 公司。按照公司规定，新员工要参加为期一周的培训，主要是了解公司文化、熟悉公司规章制度等。第一天，公司人力资源部总监亲自来授课，点名时一疏忽，将一个人的姓名念错了。这个人是牛俊的同学，姓名比较生僻，经常被读错，也习以为常了，所以他含糊地应了一声。总监正想继续点名，牛俊却笑着说："错了，错了!"总监愣住了。牛俊纠正完毕，除了总监，在座的员工都忍不住笑了起来。

总监从此记住了牛俊，当然是记恨牛俊。分配工作时，别人都分到了比较重要的岗位，牛俊被总监"美言"了几句，被分配干公司的网络维护。这种无足轻重的岗位，干一辈子也不会干出什么成绩。牛俊的专业跟软件开发相吻合，他也是奔着这样的岗位来的。于是，他就去找老板，声明自己应聘的是软件开发岗位，要求调换岗位。

老板的答复是：对公司来讲，公司的每个岗位都是重要的。

牛俊明白，这是一个冠冕堂皇的借口。这时，他才隐隐感到自己把人力资源部总监得罪了，让他抓住了把柄，都是人力资源部总监在背后搞的鬼。

与上司交谈时，尤其在正式的场合谈论工作上的问题，不要贸然提出与上司不同的意见。因为这容易被上司看成是公然挑战他的权威，更不要坚持己见，据理力争。唱反调已经引起上司的不悦了，再非要分出个谁是谁非，那无异于火上浇油、雪上加霜。

单国强是一家公司市场部的统计，毕业于一所著名大学的营销专业，喜好在公众场合炫耀自己的学识。一次，市场部总监召开营销人员会议，部署下一步的营销工作，单国强列席参加会议。总监让单国强参加会议的目的，就是让他了解市场工作。没想到总监宣读完一份销售方案后，让大家发表意见，单国强却第一个站出来唱反调。单国强引经据典，说得头头是道，让大家一下子看到了方案的不可执行性。其实，总监的意图是放弃那些业绩差、没潜力的市场，因为经过几年的努力，在这些市场取得的成绩与投入的成本是不成正比的，而想把主要精力投放到那些有潜力的市场。总监阐述完制订方案的指导思想后，单国强又跟总监争论起来。最后，方案自然以总监拟定的为准。

除了单国强，别人都没提什么反对意见，只是说了一些表决心的话，如一定好好执行新方案，力争做出更大的业绩等。这就更衬托出单国强的桀骜不驯。

没过几天，总监找单国强谈话，让他到一个业绩差的办事处工作。单国强曾私下称去那个地方工作叫"发配"，没想到自己要被"发配"了。况且，按照新方案，那个办事处很可能要撤销，那为什么还要派自己去呢？单国强向总监说出了自己的困惑。

总监说："你有很强的营销能力，在统计岗位上根本发挥不出来。派你去，是让你改变那里的局面，相信你会取得好的业绩的。"

单国强又不情愿地找到老板，他没想到老板说的话跟总监对他说的话一模一样，显然他们早沟通好了。老板给他高帽戴，单国强只好同意。

同事问单国强公司为什么派你去，单国强还炫耀说："让我去改变那里的局面。"同事心中暗笑，那只不过是老板的一个借口罢了，下一步办事处撤销，单国强恐怕也要跟着被裁掉了。

果然，不久办事处撤销了，单国强也被裁掉了。

总结一下，这些问题主要是以下几点：

（1）不该说的别说。所谓不该说的，就是上司忌讳和感到不悦的，比如上司的隐私、疮疤和一切能让他感到有失脸面的事。特别是跟上司聊天开玩笑的时候，更要特别注意。

（2）轮不到你就别说。在职场，如果你还没得到上司的信任，即使你的意见是正确的，上司也未必会采纳。相同的意见，由上司信任的人提出，上司就认为是正确的，并欣然接受。所以，在得到上司信任之前，最好不要随意向上司进言，因为你说了也白说，反而可能引起上司的反感。

（3）说时要拐弯抹角。所谓拐弯抹角，就是不直率地说出你要说的话，先说别的话题，让上司感到你真正要说的话是为他好。当然，更重要的是保全上司的面子。西方有句谚语："一滴蜜汁比五加仑胆汁更能吸引苍蝇。"说的也正是这个道理。

（4）学说"官方语言"。有时候，完全保持沉默并不是最佳的选择。这时，你可以说一些不痛不痒的"官方语言"，让上司觉得很舒服，自然不会被上司抓住把柄了。

学会忍耐不如意的上司

职场中，我们会遇到一些很难相处的上司，我们应该怎样办呢？辞职，到另一家公司，可能这位新上司更难相处。因此，辞职是一种方法，却不是最好的方法。最好的方法是找到与这些上司相处的技巧。通常感觉上司难相处的原因，主要有以下几种。

（1）如果你觉得你的上司独断专行，要求下属无条件服从他的意愿，作为员工最好不要与他发生正面冲突，因为这样他就可能会觉得你有意与他作对。但你也不能一味服从，要不卑不亢，该服从的服从，该拒绝的拒绝，否则会更加助长其独断专行之势。你还可以寻找机会显示你超越他的才干，影响他并争取他的重视，或者动用集体的力量来影响他。

上司独断专行，你既要会忍，也要会劝阻。因为同处一个集体中，他出了问题，你也可能受到牵连。纠正了错误而取得成绩，上司也会感激你。

（2）如果你觉得你的上司爱挑剔、指责，这可能有两个原因。一个是上司的水平很高，确实高于下属。因而总是按照他的经验和能力要求下属，所以下属做事总不能让他满意。另一个是上司水平并不高，但他却不愿认为自己能力差。所以，只有挑出下属毛病，才能证明自己的水平高。

（3）经常会有这样的上司，工作不分轻重，眉毛胡子一把抓，该放手的不放手，整天忙，又忙不到点子上，弄得下属也跟着转，一天到晚不得清闲。

遇到这样的上司，你不跟着他忙，他会怪你躲清闲；你跟着他转，就会陷入毫无效率的忙乱之中。

这时候，你不必跟着他转，也不能拒不服从，你可以认真地理清完成任务的思路，有条不紊地完成。工作完成得比较出色，又不似上司那般忙乱，这样就可以减轻上司的焦虑、紧张的心情，说不定他还会跑来向你请教工作方法呢。

（4）有的上司特别注重别人，尤其是下属对他的态度，害怕下属会轻视他，经常非常敏感地观察下属的一言一行，并企图从中发现别人对他是否在乎的端倪。

和这样的上司相处，你可一定要谨言慎行。因为这样的上司往往能力不是很强，因而才期望下属高看他一眼。你只要适当地、从心理上不轻视他，就能让他在你面前更加坦然。

（5）还有一种上司，不信任下属，一些本该交给下属去做的事情，他都亲自去做。或者即便交给下属去做，也极不放心。交代完事后，常唠叨一番，让下属感到极不舒服。

在这样的上司手下，要想获得他的信任，不妨先把手头的一些小事情做好，做得相当漂亮。有的上司就是用小事来考验下属。当他发现你小事做得谨慎细致后，才会把大一点的事情交给你做。这样一来，你就可以由小到大逐渐取得他的信任。做好了事情，不要只顾自己高兴，不妨把功劳分给上司，感谢他的栽培，让他觉得你既能做事，又明事理，还会不信任你吗？

（6）生活中嫉贤妒能的上司很多，他们不能容忍下属超过自己。他们要保持自己在集体中的权威地位，颇有武大郎开店之势。

魏公子无忌一次与魏王一起玩游戏，这时北方边境传来烽火台点火的消息。魏王停止游戏，想召集大臣商议对策。公子阻止魏王说："这不过是赵王在打猎罢了，不是举兵犯边。"后来，传来消息果然是如此。魏王于是疑惑地问公子："公子怎么对事情知道得这么清楚？"公子说："我的门客中有深知赵王隐秘事情之人，因而我也就知道了。"事后，魏王畏惧公子的才能，没有重用他。

在这样的上司那里，要藏锋露拙。你如果一露出头来，他就觉得你出风头，想把他比下去，这还了得。所以，他就会把你压下去，因为他手中有权。那你不妨向他求教，满足他的权力欲，将武大郎抬上"高跷"，"店小二"就可以伸腰了。

（7）很多人想投身于一个好上司的麾下，有个英明的头儿带领着，做出一番业绩来。希望"主上"圣明，这是人之常情。可生活中，我们遇到的上司却常是平庸之辈。

三国时的刘禅，是一位"名传千里"的昏庸之辈。以诸葛孔明的才华，位居其下，实在让人觉得是万般无奈了，而孔明先生受刘备托孤之嘱，又不能撒手而去。

但孔明毕竟是孔明，他明法纪、照章法，上书陈情，使刘禅心服口服，因而对诸葛孔明言听计从。

不要成为上司眼中的"定时炸弹"

在工作中，自己的能力越强、表现越突出，就越受上司的青睐吗？其实不然。这样做，反而让上司有种威胁感，他时刻觉得身边有个定时炸弹。

许多职场人士常常有一个困惑，找工作时，明明自己能力很强，很能胜任这份工作，但对方就是不聘用，反而聘用一个能力非常一般的人。工作时，明明自己能力很强，很能办事，但就是得不到上司的重用，被晾在一边，导致英雄无用武之地。其实，其中原因也很简单：上司并不一定需要最有能力的人。每个老板需要的人有两类，一类是能干活，另一类是忠心。如果只能干活，但缺乏忠诚度，一定没有晋升的机会，唯一的机会就是继续干活，成为老黄牛。如果你只有忠诚而没有很强的业务能力，没关系，你总有一天会上去，因为忠诚比能力更稀缺。如果你能力太强了，即使你很忠诚，老板也会疑心，谁知道明天你会不会取而代之呢？所以，你需要有能力，但不一定要有很强的能力，但对老板一定要忠诚，这是晋升的最快途径。

有一天，庄子和他的学生在山上游玩，看见山中有一棵参天古木因为高大无用而免遭砍伐。于是，庄子感叹说："这棵树恰好因为它不成材而能享有天年。"

那天晚上，庄子和他的学生又到他的一位朋友家中作客。朋友非常高兴，便吩咐家里的仆人说："家里有两只雁，一只会叫，一只不会叫，将那一只不会叫的大雁杀了，用来招待我的好友。"

庄子的学生听了感到很疑惑，于是向庄子求教道："老师，山里的巨木因为无用而得享天年，家里养的雁却因不会叫而丧失性命。那我们该采取什么样的态度来对待这繁杂无序的社会呢？"

庄子沉思了一下，回答说："选择有用和无用之间吧，虽然这之间的分寸很难掌握，而且也不符合人生的规律，但已经可以避免许多争端而足以应付人世了。"

的确如此，一个人不能锋芒太露，而要善于自己拿捏。如果你能力很强，继续努力去吧，但别怪上司不提升你。你干得好，说明你胜任这个位置，既然没有人比你更胜任这个位置，上司又怎么舍得让你离开呢？你很能干，但是提升了了，你还能像过去那么能干吗？这可不敢担保。再说，还有一个你的同事，他也和你一样能干。如果我提了你，会影响他的积极性。所以，最好的办法就是让你们俩暗中竞争，前面永远挂一块肉。这样一来，公司整体效率才会越来越高。

某经理下面有两个能力很强的人，一个是他的助理，做事干练，富有心计；一个是主管，学历高，知识渊博，办事很得力。但这两个人都让经理不安心，生怕有一天被他们取代。所以，重要的事情都是经理亲自出马，一些鸡毛蒜皮的基层工作都分摊给两位下属。两位下属虽然每天都在忙忙碌碌，但做不出什么漂亮的业绩来，自然也就没法让公司的董事看到他们出色的表现。此外，为了稳住下属，经理分别对他们许诺，等他升上去了就把主管升为经理，主管升上去了就把助理升为主管。但经理没有升为董事，所以主管也自然升不上去；主管上不去，助理也自然升不上去。最后，导致助理与主管之间两虎相斗。

任何人都是把自己的利益摆在第一位。上司不可能顾及公司的利益而把你摆在刀刃的位置上，让你大展身手、为公司创造业绩与价值。如果你表现得太出色，那会显得他很无能，将威胁到他的声望和饭碗。所以，他会安排你做些琐碎的工作。这样一来，你的能力、业绩以及在公司中的声望永远比他差一截。

上司始终是上司

有些人与上司相处得很好，自己又小有成绩，说话时往往口无遮拦，没有上下级之分，甚至有时越权代上司发号施令。其实，这就是一件很危险的事情了。

并不是每个上司都很威严，职场中有许多上司个性随和，有的与下属私交很深，有的与下属相处得很亲近。但这也会产生一个误区，长期与下属关系太近，会淡化彼此间的上下级关系。有些下属与上司交往或相处时，往往说话做事没什么顾忌，有时可能会严重伤害彼此间的关系。

周莉在一家外资公司当行政助理，她很幸运，遇上了一个好上司——一个爽朗直率的香港女人，办公室里经常充满着她的欢声笑语。她喜欢在假期出游，每次回来的时候，总不忘给下属们带一些礼品。下班后，还经常跟下属们一起组织饭局。于是，上司跟下属的界限变得不再明显，这也许是上司的一种用人策略——不故作高高在上的姿态，以亲和力来感染下属，由此获得下属的拥戴和支持。

这种关系维持一段时间后，就出麻烦了。一方面，周莉认为上司和气、好说话，结果把上下级的关系给淡化了，她把上司当成同事一样，上司丧失了威严；另一方面，权力都收到下属手上去了，有时下属甚至代替上司发号施令。这样一来，就让上司很不愉快。

要知道，无论多亲近，她始终是上司。工作中不能带有太多私人的情绪，这样会扰乱正常的工作秩序。大家可以在私下谈论彼此的生活或感情状态，但绝不能与工作混为一谈。下属与上司相处时，最关键的是要把握好一个度。非敌非友，若即若离，是最适合的一种方式。真诚待之，免于生疏而造成工作上的隔阂，亦不会因为过分热忱而左右了工作上的判断。

两只困倦的刺猬，由于寒冷而拥在一起。可因为各自身上都长着刺，于是它们离开了一段距离，但因为冷得受不了，于是又凑到一起。几经折腾，两只刺猬终于找到一个合适的距离：既能互相获得对方的温暖而又不至于相互被扎。

刺猬法则就是人际交往中的心理距离效应。上司要搞好工作，应该与下属保持亲密关系，这样做可以获得下属的尊重。但还需要与下属保持心理距离，避免在工作中丧失原则。

的确，上司与下属之间的关系要把握好一个度，距离太远了，下属会因为惧怕上司的威严而整天提心吊胆，自然不利于工作的开展。如果与下属关系太近了，丧失了上下级间的层次关系，就容易纵容下属以下犯上。所以，下属要与自己的上司融洽相处，不管平时关系多么亲密，上班时必须尊重上司，生活中则可以兄弟姐妹相称。如果不把握好这个度，很可能会给双方的关系及工作带来伤害。

与上司斗吃亏的是自己

与上司之间的战争，下属永远是输家，因为你跟上司处在完全不对等的位置上，他可以利用权力来压制你，给你各种小鞋穿，或者把你打入冷宫，将你的工作安排给别人做。在没有工作可做，没有表现机会，又被上司压制的情况下，很多人走投无路，最后只得选择辞职。

任何组织的架构都是金字塔形状，越往高层，职位越少。所以，职场中的晋升就像行车一样，得按顺序开在前辆车的后面。有时上司能力平凡，长时间升不上去，位置也就不可能腾出来，而上司又不让你超越他。这样一来，就开始堵车了。时间长了，下属与上司之间的矛盾就爆发出来了。下属很想取代甚至越过上司，而上司又要死死地压住下属，不愿意让他升职而威胁到自己。在这种情况下，下属可能就会通过越级表现来得到提升，或者与上司的敌对势力合作，挖坑把上司"埋掉"。而上司也会把"脑有反骨"的下属打入冷宫，处处压制。这种情形在职场上随处可见。

有位高级主管能力虽然不错，可性格不是太好，特别好斗，在公司工作了很长时间，可职务却只升一级。因为在与公司高层相斗的过程中，树敌太多，而且名声远播，哪个高层都不肯重用他。不管他做出什么业绩，升职基本上不会考虑他。该主管有位助理，能力也比较强，跟随他两年，也一直是在原地踏步。为了稳住他，主管许诺：只要他升了经理，立马把他提升为主管。于是，助理又跟着他卖命。结果到了次年5月公司升职期间，不少主管升上去了，该主管依然坐冷板凳。助理灰心了，便与部门的经理合作，工作上也不听主管指挥。就这样，一场下属与上司之间的战争拉开了序幕，而且愈演愈烈，互相间什么招数都使出来了。最后，该主管利用职务之便，将助理赶到部门另外一位女主管手下当助理。由于那位女主管也非常精明，见这个助理手段太辣，也处处压制他。被逼无奈之下，那位助理只好辞职。

上司与职位最近的下属之间的确会有矛盾，但并非不可调和。可能也有人会说：如果下属把上司斗败了，那不就赢了吗？其实，这样你会输得更惨。如果你把上司干掉了，那你在公司的名声也臭了。同事们会戴上有色眼镜来看你，而公司的高层也没有哪个敢用你。因为谁也不想留一个定时炸弹在身边，你能干掉前任上司，那你将来可能也会干掉现在的上司。

有位女员工，大学毕业后在一家公司担任培训助理。不到半年时间，她就逼走了自己的两任上司。第一任上司是个专科生，那位女助理瞧不起他，所以整天跟上司对着干，甚至在办公室里对着骂。由于只有她一个下属，又不能开除她，这位主管无计可施，最后只好辞职了。紧接着，公司招聘了一位本科主管，她又欺负对方是新来的。主管一上任，她就开始给上司下马威。整天跟上司争权，要平起平坐。新来的上司苦撑了几个月后，就调到别的部门去了。正当她得意地等着坐上主管的位置时，部门经理已经安排了其他主管。而那位主管开展工作前的第一件事就是把这位女助理辞退了。

其实，下属与上司之间并没有什么不可调和的矛盾。如果上司能力强，下属就应该尽力协助上司，成为上司的心腹和得力助手，上司升职时自然也会带着你升职；如果你的上司能力平庸或者树敌太多而且长期升不了职，那你要么辞职要么转投其他部门。千万不要自己迫不及待地出手，与上司展开争斗。否则，不论输赢，吃亏的一定是自己。

一句失言足以毁掉你的业绩和前程

说话要看时间、地点和对象，如果在错误的时间、错误的地点对错误的对象说了一句不得体的话，后果将不堪设想。

你背后说上司的那些话会添油加醋地传到他耳里。要知道在职场中，你的发展空间并不完全取决于你的能力和业绩，而往往取决于上司对你的主观喜好。如果你在上司的心中留下了疙瘩，日后无论你怎样努力，疙瘩都很难解开。人们常说：一句话可以兴邦，也可以丧邦。一句失言足以毁掉你的业绩和前程。

与上司闲聊时，我们常常认为自己跟上司关系不错，内心似乎没有上下级之分，说起话来往往就不会深思熟虑，心里想什么就说什么。可是，往往一句不小心的话，让上司大感不快，也让你前功尽弃。有些下属感觉上司比较随和，没有什么威严，于是见面可能直呼其名，说话做事可能反客为主。有些下属认为，平时上司很宠着自己，私交比较深，说起话来更是口无遮拦。比如，一位老板带着他的助手去谈生意，宴席上对方热情招待。酒过三巡，对方试探着说本地女孩子长得不错，没想到那位老板的助手当着众人的面脱口而出："我们老板就好这一口。"一下就让老板脸色铁青，下不了台。后来，这位助手就被辞退了。在职场一定要谨言慎行，千万不要为了口舌之快而丢了自己的饭碗。

某公司总部的市场经理高洁初次来办事处指导工作，中午请部门同事一起吃饭。席间谈起一位刚刚离职的经理周芸，入职不久的赵芳说周芸脾气不好，很难相处。高洁说："是吗？是不是她的工作压力太大造成心情不好？"赵芳说："我看不是，30 多岁的女人嫁不出去，既没结婚也没男朋友，老处女都是这样心理变态。"

闻听此言，刚才还争相发言的人都闭上了嘴巴。这是因为，除了赵芳，那些在座的老员工可都知道：高洁也是待字闺中的老姑娘！好在一位同事及时扭转话题，才抹去高洁隐隐的难堪，而事后得知真相的赵芳则为这句话悔青了肠子。不久，她就被炒了鱿鱼。

有位员工，工作能力不错，但就是嘴巴比较八卦，喜欢说三道四，喜欢搜集和制造一些新闻。一个部门经理跟秘书关系比较密切，同事们私下里虽有些怀疑，但一直找不到证据。一次周末下着雨，那位员工在菜市场上看见经理和他秘书共用一把伞在买菜。于是周一上班时，那位同事把它当做一条特大新闻向同事们宣布，结果在办公室里掀起了一阵风浪。经理听到后大怒，自然给了那位同事很多小鞋穿。

跟上司相处，你多少会知道上司的一些秘密，而且上司越欣赏你，跟你关系越密切，你知道的秘密就越多。这时候，如果你无意间说到他的软肋，伤到他的颜面，就可能让他觉得你是个心腹大患，你工作再卖力，他也不会欣赏你。

你的成绩离不开上司的"培养"

　　人们常常认为，能力是决定升职和加薪的关键。在这种观念的影响下，一些人往往只抢着去做出些漂亮业绩，想方设法在公司里表现自己。大家也常遇到这类人：一旦有能出风头的工作便抢着干，把自己的工作除了汇报给上司外，还要用邮件发给公司的上司层；或者在众人面前夸耀自己的能力和业绩，似乎他们比上司还要出色。尤其是一个能力比较强的员工，遇到不如自己的上司时，便不把上司放在眼里，甚至还有一种取而代之的势头。然而，这种人往往越有能力，越有业绩，升职的机会就越少。

　　人力资源管理专员马妍入职 3 年，既能干又努力，工作认真，做事漂亮，人缘也非常不错。但奇怪的是，尽管表现不错，可仍旧原地踏步，难上青云。那些能力不如她的同事却接二连三地升了职。

　　没错，马妍是能干，但上司就是不喜欢她。为什么？因为她在小节上从不考虑上司的感受：每次开会，老板都指定马妍做会议记录，马妍整理出来后，从来不会让顶头主管李虹过目就直接上交老板；她帮其他部门做事，从不事先请示李虹是否还有更重要的工作分配她做，也不管这事会不会留下什么隐患。所以，马妍是得到了好口碑，但李虹却对她很有成见。有一次，部门要买个投影仪，李虹让她询价后做性价比，然后准备购买一台。马妍拿到供应商资料后多方比较，自作主张就订了货，还对李虹说出一大串理由，好像她做事是多么圆满。但在看到又一个同事加薪和升职后，马妍叹道：唉，上司真是瞎了眼了。

　　其实，上司心里明白得很，他不会把你的能力摆在第一位，而更关注你是否会对他产生威胁。如果你事情做得太漂亮，你的工作根本不用他的安排和指导，那他就遥控不到你，而且会感到你的威胁。如果你做事自作主张，根本不去请示他，那他会觉得你完全没有把他放在眼里，时刻想抢他的权，想将他取而代之，自然他对你就很反感，处处对你设防，又如何会重用你呢？

有一位员工大学毕业之后，在一家公司负责协助行政工作，或许是受"工作自主"思想影响比较深，再加上性格很要强，刚工作就向主管提出分权：跟上司进行工作分工，各管几块。每当上司交代工作给她的时候，她就直接回敬说："辅助性工作我不做。"而且她的工作也从来不向主管汇报，而是越过主管直接跟经理汇报。如此一来，她跟主管的关系变得很僵，自己的名声也弄得非常糟糕。后来，在被一个新主管辞退的时候，她很悔恨地总结她的失败：自己太要强，老顾着自己，而不在乎别人的感受。

不管你承认不承认，那些表现出色，从不出差错，也不需要老板来指点的人，并不一定能得到重用和认可，甚至上司也并不喜欢。因为面对你的完美，上司无法显示他的才干，而你也就不会和进步或改正之类的词挂钩。这时候，完美就是你的缺点。倒是那些大错不犯、小错不断，又喜欢和上司接近的人却容易获得更多的机会，因为他给老板预留了发挥的空间，让上司很有成就感，即便日后升了职也会被骄傲地冠名为"我培养出来的"。有时候，满足一下上司的虚荣心，也是一种明智的策略。

不能强迫上司接受你的建议

无论你的可行性分析和项目计划多么完美无缺，你也不能强迫上司接受。毕竟，上司统管着全局，他需要考虑和协调的事情你并不完全明白，你应该在阐述完自己的意见之后礼貌地告辞，给上司一段思考和决策的时间。即使上司不愿采纳你的意见，你也应该感谢上司倾听你的意见和建议，让上司感觉到你工作的积极性和主动性即可。

对于上司的指示，要认真执行。那么，怎样说服上司，让上司理解自己的主张、同意自己的看法呢？

刚上班时，上司会因事情多而繁忙。到快下班时，上司又会疲倦心烦。显然，这些都不是提议的好时机。总之，记住一点，当上司心情不太好时，无论多么好的建议，都难以细心静听。

那么，什么时候会比较好呢？我们通常推荐在上午10点左右，此时上司可能刚刚处理完清晨的业务，有一种如释重负的感觉，同时正在进行本日的工作安排。你适时地以委婉方式提出你的意见，会比较容易引起上司的思考和重视。还有一个较好的时间段是在午休结束后的半个小时里，此时上司经过短暂的休息，可能会有更好的体力和精力，比较容易听取别人的建议。总之，要选择上司时间充分、心情舒畅的时候提出改进方案。

对改进工作的建议，如果只凭嘴讲，是没有太大的说服力的。但如果事先收集整理好有关数据和资料，做成书面材料，借助视觉力量，就会加强说服力。

小李和小王都是某公司的中层主管，二人同时向董事长提交了某个项目的策划方案。

小王的方案是这样的：关于在××地区设立分厂的方案，我们已经详细论证了它的可行性，大概3~5年就可以收回成本，然后就可以盈利了。请董事长一定要考虑我们的方案。

小李的方案是这样的：关于在××地区设立分厂的方案，我们已经会同财务、销售、后勤部门详细论证了它的可行性。根据财务评价报告显示，该方案在投资后的第28个月财务净现金流由负值转为正值，这预示着该项投资将从第三年开始盈利。经测算，该方案的投资回收期是4~6年。从社会经济评价报告上显示，该方案还可以拉动与我们相关的下游产业的发展。这有可能为我们将来的企业一体化方案提供有益的借鉴。与该方案有关的可行性分析报告已经准备好了，请董事长审阅。

对比上述两位主管的报告，显然小李的更具说服力，更能得到上司的认可。只有摆出新方法的利与弊，用各种数据、事实逐项证明，才能让上司消除你头脑发热、主观臆断的嫌疑。

上司对于你的方案提出疑问，如果你事先毫无准备，吞吞吐吐，前言不搭后语，自相矛盾，当然不能说服上司。因此，还应事先设想上司会提什么问题，自己该如何回答。

在与上司交谈时，一定要简单明了。对于上司最关心的问题，要重点突出、言简意赅。如对于设立新厂的方案，上司最关心的还是投资的回收问题。他希望了解投资的数额、投资回收期、项目的盈利点、盈利的持续性等问题。因此，你在说服上司时，就要重点突出，简明扼要地回答上司最关心的问题，而不要东拉西扯，分散上司的注意力。

我们已经知道，在与人交谈的时候，一个人的语言和肢体语言所传达的信息各占50%。一个人若是对自己的计划和建议充满信心，他无论面对的是谁，都会表情自然。反之，如果他对自己的提议缺乏必要的信心，也会在言谈举止上有所流露。试想一下，如果你的下属表情紧张、局促不安地对你说："经理，我们对这个项目有信心。"你会不会相信他？你肯定会说，我从他的肢体语言上读到了"不自信"这3个字，我不太敢相信他的建议是可信任的。同样道理，在你面对自己的上司时，要学会用你的自信去感染上司、征服上司。

切忌替上司做主

下属要想同上司搞好关系，就必须明确上司与自己的等级之分，千万别擅自替上司做主。否则，即使对上司有益，他也会感觉很不舒服。

上司在做决策时，往往是经过深思熟虑的。因此，当他做出决策后，非常需要别人特别是下属的认可和尊重。

作为一个下属，如果希望获得上司的欣赏，学会尊重上司的决定是第一要诀。不管你职位多高，你都不能忘记一点：你的工作是协助上司完成经营决策，而不是制定决策。因此，上司的决定，即使不尽如你意，甚至和你的意见完全相悖时，你也得低头顺从。

大多数上司都希望自己的下属充满活力与冲劲，而不会希望下属死气沉沉，成为一个个机器人。执行上司的决策，并不表示你是一个毫无主见的下属，也不表示你将失去工作中的活力。但你应该知道，表现在工作上的活力与冲劲，一定要符合上司的理想与要求。否则，上司会认为你不够成熟，做事不用大脑，自然也不敢把重要的工作交给你。

下面这个例子中的下属就做了一件出力不讨好的事情。

"坏了！坏了！"宋经理放下电话，就叫了起来："那家便宜的东西，根本不合规格，还是原来林老板的好。"接着，宋经理狠狠捶了一下桌子："可是，我怎么那么糊涂，竟写信把他臭骂一顿，还骂他是骗子，这下麻烦了！"

"是啊！"秘书刘一萍转身站起来："我那时候不是说吗？要您先冷静、冷静，再写信，可您不听啊！"

"都怪我在气头上，看到别人家的那么便宜，就认为林老板骗了我。"宋经理来回踱着步子，指了指电话："把电话告诉我，我亲自打过去道歉！"

刘一萍会心一笑，走到宋经理桌前："不用打了！实话告诉您吧，那封信我根本没寄。"

"没寄？"

"对！"刘一萍笑吟吟地说。

"嗯……"宋经理坐了下来，如释重负。停了半晌，他又突然抬头："可是，我当时不是叫你立刻发出吗？"

"是啊！但我猜到您会后悔，所以压下了。"刘一萍转过身，歪着头笑笑。

"压了3个礼拜?"

"对!您没想到吧?"

"我是没想到。"宋经理低下头去,翻记事本:"可是,我叫你发,你怎么能压?那么,最近发往美国的那几封信,你也压了?"

"我没压。"刘一萍脸上更亮丽了:"我知道什么该发,什么不该发……"

"你做主,还是我做主?"没想到宋经理霍地站起来,沉声问。

刘一萍呆住了,眼眶一下湿了,两行泪水滚落,颤抖着、哭着喊:"我,我做错了吗?"

"你当然做错了!"宋经理斩钉截铁地说。

刘一萍感到自己做了好事却挨了批评,心里很不平衡,她总觉得自己是好心没好报。一肚子委屈的刘一萍,再也不愿意伺候这位"是非不分"的宋经理了。

她跑去孙经理的办公室诉苦,希望调到孙经理的部门。"好,好。我会处理这件事的。"孙经理笑着回答她。没过几天,果然做了处理,刘一萍一大早就接到一份解雇通知。

看完这个故事,你会想这是个"不是人"的公司!宋经理不是人,孙经理也不是人。明明刘一萍救了公司,他们非但不感谢,还恩将仇报,对不对?如果说"对",你就错了!

正如宋经理说的:"你做主,还是我做主?"

假使一个秘书可以不听命令,自作主张地把经理要她立刻发的信,压下3个礼拜不发,"她"岂不成了经理?如果有这样的"黑箱作业",以后布置她做事,谁能放心?

再进一步说,自己部门的事,跑去跟别的部门经理抱怨,那工作的忠诚又在哪里?

如果孙经理收了她,能不跟宋经理"对上"?而且哪位经理不会想:"今天她背着经理,来向我告状,改天她会不会倒戈,又向别人告我一状?"

所以,刘一萍不但错,而且是大错特错。她非但错在不懂人情,更错在不懂职场规范。他毕竟还是你的老板,也毕竟还是他做主。出了错,他最先承担;有面子,也该由他来卖。此外,你必须知道,老板永远向着老板,就算在工作上对立,在立场上也往往一致。

一个不忠于自己上司的职员,很难得到别的上司欣赏。当你卖面子,表示自己有办法,偷偷把自己公司的消息告诉别人时,即使他得了好处,也不会尊重你,只可能窃笑说:"这人最没城府,以后找他下手。"

办公室是一个团体,作为上司,一定有其管理原则,有他的经营目标。下属的责任,就是要在这一管理原则下,让自己的工作做得更好,这样才能协助上司完成经营目标。

不要看上司的笑话

上司有时候也会有考虑不周全、准备不充分的时候,经常会出现这些尴尬场面:在重要的场合口误;被客户不留情面地批评;生意场上的对手围攻;误入竞争对手设下的圈套,在突发事件面前一时反应不过来等。

当你跟上司一同面对以上情况时,你一定要冷静积极地处理,尽最大努力避免上司丢丑,从而保全他的面子。如果你无动于衷,或者惊慌失措,眼睁睁看着上司颜面不保,你也就很难在公司里有更好的发展。

当上司口误的时候,你要及时向上司传递信息,让上司自我改正。冲上司使眼色,提醒上司他刚才发生严重口误了。如果老板与你心有灵犀,就会从你的眼神里领会到你要表达的意思,马上回味刚才说的话，找出错在哪里，然后及时改正。上司借机更正后，就会很感激你。

当上司被不敢得罪的大客户批评时，你要做的就是赶快离开；如果还有不识相的同事愣在那儿，你要冲同事使眼色；如果他还反应不过来，你就找个理由把他支开。上司自然会很感激你的做法。

在突发事件面前，如果你能挺身而出，避免上司丢丑，甚至是免遭皮肉之苦，那上司自然对你感恩不尽。

洪飞是一家酒店的服务员。一天中午他当班时，有几个人消费完离开酒店后又返回来，说他们感到身体不适，怀疑饭菜有问题，要求赔偿，而且非要见经理。酒店的值班人员让他们拿出证据来，就跟那几个人争执起来。眼看就要动起手来，经理从楼上下来，看见这边情况就走过去，问怎么回事。酒店人员看看经理，又看看那几个凶神恶煞的顾客，一时不知如何是好。

这时，洪飞冷冷地对经理说："这件事与你无关，请走远点。"

那几个人接着嚷："让你们经理出来，不赔偿就砸酒店！"

经理明白了，立即转身走开。洪飞假装去找经理，打电话报了警，因为他看出那几个人是来敲诈的。后来，警察介入，把事情摆平了。

通过这件事，洪飞给经理留下了良好的印象。不久，经理就提拔洪飞做了酒店的办公室主任。

丢尽面子，是上司心中永远的痛。如果你成为上司丢丑的见证者，而且本该通过你的努力就能保全上司的面子，那上司对你的袖手旁观一定会让你刻骨铭心。随着时间的消逝，上司可能淡忘了他丢丑的事情。但一看见你，可能就会勾起他痛苦的回忆。这时，上司就可能把他丢丑的事全部怪罪到你头上。在这样的上司手下工作，你要想获得加薪和晋升的机会，可谓难于上青天。

袁峰被公司炒了鱿鱼。很多人不理解，因为他的销售业绩一直不错。他的一个好朋友问他，他才道出了其中的缘由。

有一次，袁峰陪同上司参加一个高新技术产品洽谈会。在饭厅就餐的时候，有一个人阴沉着脸冲他们走过来。

袁峰认出他曾经是公司的竞争对手，因为他在一次商战中被打败，而且败得很惨，使其所在公司蒙受了巨大的损失，他也因此被炒了鱿鱼。他从此对袁峰的上司怀恨在心，从对手变成了敌人。这次忽然在洽谈会上遇见，他扬言让袁峰的上司等着瞧。袁峰情不自禁地看了一眼上司，上司很紧张地说："小心他。"

那个人走到上司对面，倒了一杯葡萄酒端着，冲上司阴险地一笑，突然将葡萄酒向上司的脸泼去。上司没来得及做出反应，被泼了个正着，红色的葡萄酒顺着脸向下淌，仿佛满脸鲜血。上司用餐桌上的纸巾擦拭的时候，那个人已经潇洒地走了。

袁峰当时愣在那儿了，他醒过神来的时候，上司已经转身离开了餐桌。周围的人都好奇地冲他们张望着，有的人还窃窃私语。

从此，上司就不再给袁峰好脸色看，袁峰明白，上司恨死他了。上司肯定是这样想的：我已经提醒你了，你应该挡住那杯酒，或者在对方还没泼出酒的时候，先把酒泼到对方脸上，至少也不能让对方那么潇洒地离开，怎么也该冲上去揍对方一顿！

事情既然已经过去了，袁峰想通过努力工作，为公司多创造效益来弥补对上司的歉意，但上司根本不领情。在年底的裁员中，他理所当然地被裁掉了。

人事部在他的解聘通知书上写的辞退理由是："缺乏灵活处理问题的能力。"

袁峰明白这是上司制造的借口，但也只好走人。因为他明白，在这样的上司手下干，永无出头之日。

在职场中，当你同上司在一起的时候，上司一旦处于丢丑的边缘，你一定要积极应对，而不能做一个冷漠的看客。如果不能避免上司丢面子，你就应赶快躲开，而不能目击上司受辱。如果有一丝可能保全上司的面子，就要冲上去挽救。这样一来，即使保全不了上司的面子，上司也会理解你。

第四章　同事间相处的规则

与同事保持合理的距离

距离，是一种物理现象，更是一种人际学问。在小小的办公空间中，我们应该怎样掌握与同事间的距离呢？和同事刻意保持距离，隔得远远的，会被认为太冷漠；太接近，则可能给自己带来很多麻烦，影响自己在公司的发展。

家境富裕的刘磊和家境贫寒的王云峰是很好的朋友。他们是大学同学，在学校里只是一般朋友，进了同一家公司后，又住在同一间公寓，才渐渐成为知己。

因为读大学，家里为王云峰借了许多债，他就悄悄找了一份兼职，帮一家小公司管理财务。刘磊发现他下班后也忙得不可开交，一问，王云峰就把自己做兼职的事情告诉了刘磊。

公司每年都会选派一名优秀员工到一家著名的商学院培训。根据选派标准，条件最好的刘磊和王云峰都被列进了候选人名单。刘磊对王云峰说："要是我俩都能去该多好啊。"王云峰说："但愿如此。"

结果刘磊脱颖而出，成为公司那年唯一选派的培训员工。王云峰很失落，他非常想获得这次培训的机会，于是找老板，请求也参加这次培训。

老板看了王云峰一会儿，冷笑着说："你太忙了，就免了吧。"

王云峰急忙说："我手头上的项目，我会尽快完成的。"

老板沉下脸来说："那家小公司怎么办？谁给管理财务？"

王云峰立即愣住了，他一时搞不明白老板怎么知道他兼职的事。他本能地辩解说："我兼职是有原因的，这并没有影响我在公司的工作……"

老板打断王云峰的话说："好了，你忙你的去吧，我还有事。"接着，又冲王云峰摆摆手。王云峰只好灰溜溜地离开。

"你太忙了"——王云峰没想到这句话会成为阻止他培训的理由。可老板怎么知道他兼职的事情呢？这件事，那家小公司是绝对保密的，他也只告诉过刘磊一个人。王云峰越想越心酸，他没想到知己竟然会出卖自己！

同事之间应该"君子之交淡如水"，当他情绪低落的时候，你给予安慰；当他生病的时候，你端上一杯热水，并真诚地问候；当他有困难的时候，你要力所能及地给予帮助，但不可把你的心扉完全向同事敞开，将自己的隐私向对方倾诉。这样一来，你就不会被对方刺痛了。

职场中，人与人的关系仿佛永远难以琢磨。很多人在工作能力上无人企及，可人际关系却是他们的"软肋"。如果你也是他们中的一员，那就一定要好好领会"半块糖主义"的精神。所谓"半块糖主义"，代表的是一种健康、绿色、环保的工作态度。在工作中太过保全自己，让人难以接近；而太过亲近同事，又会令对方觉得私密空间被侵犯，无法喘息。唯有与同事相处时，懂得恰到好处地加上半颗糖，甜而不腻，亲密又不失距离，这才是立足职场的中庸之道。

在单位与同事不能表现得过于亲密，否则就会被老板察觉，并引起老板的敌视。这样做，一是有拉帮结派的嫌疑。在老板眼里，员工应该彼此保持独立，这样他最容易管理。如果你身边密切团结着几个同事，这是老板最忌讳的事情。即使你没有拉帮结派的意思，老板也认为你在拉帮结派，有跟他对抗的企图。一旦老板对你有了这种看法，就会处处压制你，甚至将你打入冷宫，削弱你的影响力。

另一个是有集体离开公司的嫌疑。几个同事一起跳槽，或者合伙开公司，让原来部门工作顿时陷入半停顿状态，是老板最不希望发生的。你与身边的同事过于亲密，敏感的老板就会猜疑你们是不是要一起跳槽，或者合伙开公司。虽然你们根本不曾谈论过这些问题，但多疑的老板一旦相信自己的判断，就会防患于未然，提前采取各种措施。

老板最常用的方法是把你调离，重新换一个部门，或者调到分公司去，甚至为了公司大局稳定，不惜忍痛割爱，干脆炒你的鱿鱼。

同事之间，最好保持一定的距离。即使再好，也不要太近。另外，有一些同事，是你最好不要走近的。那么，哪些人你千万不能过深地交往呢？

（1）搬弄是非的"饶舌者"不可深交。一般来说，爱道人是非者，必为是非之人。这种人整天喜欢挖空心思去探寻他人的隐私，抱怨这个同事不好、那个上司有外遇等。长舌之人可能会挑拨你和同事间的交情，当你和同事真的发生不愉快时，他却隔岸观火，甚至拍手称快。也可能怂恿你和上司争吵，他让你去说上司的坏话，然而他却添油加醋地把这些话传到上司的耳朵里。如果上司没有明察，届时你在公司的日子就难过了。

（2）唯恐天下不乱者不宜深交。有些人过分活跃，爱传播小道消息，制造紧张气氛。"公司要裁员""某某人得到上司的赏识""这个月奖金要发多少""公司的债务庞大"等，弄得人心惶惶。如果有这种人对你说这些话，切记不可相信。当然，也不要当头泼他冷水，只需敷衍："噢，是真的吗？"

（3）顺手牵羊爱占小便宜者不宜深交。有的人喜欢贪小便宜，以为"顺手牵羊不算偷"，就随手拿走公司的财物，比如订书机、纸张、各类文具等小东西。虽然值不了几个钱，但正直的上司绝不会姑息养奸。这种占小便宜还包括利用公司上班的时间、资源做私事或兼差，总认为公司给的薪水太少，不利用公司的资源捞些外快，心里就不舒服。这种占小便宜的人看起来问题不严重，但公司一旦有较严重的事件发生，上司就可能怀疑到这种人头上。

（4）被上司列入黑名单者不宜深交。只要你仔细观察，就能发现上司将哪些人视为眼中钉，如果与"不得志"者走得太近，很可能会受到牵连。或许你会认为这太趋炎附势，但又有什么办法。难道你不担心自己会受牵连而影响到晋升吗？不过，你纵然不与之深交，也用不着落井下石。

正确对待职场竞争

职场竞争不是一个令人感到愉快的话题，但我们却无法逃避。在一个企业中，与同事的竞争是不可避免的。要正确处理好与同事的关系，就必须正确认识竞争，不要为了达到某种目的而不择手段，而应抓住与同事公平竞争的机会。

竞争是人保持活力，不断学习的动力。从某种意义上讲，我们应该感谢竞争对手，正是因为他们的存在，才使我们变得杰出伟大。在我们迷茫时，是对手给我们指明了目标和方向。在我们困惑时，是对手给了我们启迪和方法。在我们欢乐时，是对手让我们清醒冷静。在我们成功时，是对手告诉我们该如何坚持和发扬。

据说挪威人喜欢吃沙丁鱼，尤其是活的沙丁鱼，然而其价格远比死鱼高。长久以来，渔民在托运途中，无论怎么小心，靠岸时绝大多数沙丁鱼总会因途中窒息而死。然而，却有一条渔船，托运的大部分沙丁鱼都活着。后来，渔民才知道，原来，那位船长在鱼槽内放了一条以鱼为主要食物的鲶鱼。由于沙丁鱼在鲶鱼的威胁下始终处于紧张状态，不停游动躲避，肺活量增大，增加了成活率。这就是著名的"鲶鱼效应"。沙丁鱼在有天敌的时候，却比没有天敌时更能存活、更有活力！看似不可思议，然而这就是自然界的规则：没有天敌的动物往往最先灭绝，腹背受敌的动物则繁衍至今。

管理学还有一个理论，就是著名的"螃蟹效应"。竹篓中放了一群螃蟹，不必盖上盖子，螃蟹是爬不出来的。因为当有两只或两只以上的螃蟹时，每一只都争先恐后地朝出口处爬。但篓口很窄，当一只螃蟹爬到篓口时，其余的螃蟹就会用威猛的大钳子抓住它，最终把它拖到下层，由另一只强大的螃蟹踩着它向上爬。如此循环往复，没有一只螃蟹能够成功。螃蟹效应在企业管理中的表现就是，员工与员工之间、员工与老板之间，因为个人利益而出现的明争暗斗。企业有一些这样的人，他们不喜欢看到别人的成就与杰出表现，更怕别人超越自己，因而天天想尽办法破坏与打压他人。

"鲶鱼效应"和"螃蟹效应"告诉我们：同事之间必然存在竞争，但不可因为竞争而视对方为仇敌，破坏与打压他人。

竞争对手给了我们无形的压力，他们的存在让我们寝食难安。我们不得不强化我们的优势，增强与对手竞争的力量。但是，竞争的存在也给了我们的动力，能让我们在竞争中提升、在较量中升华，能让我们发挥出巨大的潜能，创造出惊人的成绩。不要诅咒自己的对手，我们应该感谢他。每个人身上都有值得我们学习的优点，特别是在竞争日益激烈的今天，向对手学习，不断完善自己、不断壮大自己，已越来越显示出其必要性和迫切性。

要坚定自己的信念

职场中有一些人，做事、说话虚虚实实，真真假假，实在难以甄别。这时候，最好的办法就是自己该做什么就做什么，不受别人的干扰，要坚定自己的信念。

小张和小郭是一家大型公司的职员，近来因为公司进行人事变动，要从他们之中选出一个来担任公司部门经理。这让两个人都兴奋不已，他们两个人的实力和条件都不分上下，工作也都很努力，只是小郭比小张在工作上有时更胜一筹。他们都很关注对方的工作表现和与上司的接触，都担心直接威胁到自己的利益。

面对小张的威胁，小郭决定不惜任何代价在工作上以更优异的业绩超过他。这次公开竞选，公司新任上司已经明确决定业绩将起最主要的参考作用。所以，他认为这样自己就可以得到上司赏识，从而打败竞争对手。

但是，准备了几天之后，小郭却发现小张根本无动于衷，而且工作比平时还要散漫，心中不禁暗自欢喜。但是，没过几天，小郭就听同事们说，小张正和公司各个部门的上司打得火热，而且这些部门上司都表示要支持他当部门经理。小郭一听，顿时感到小张是在玩关系牌。后来，经过自己的观察，他发现小张和上司的关系真的比平时要热乎得多。

小郭心里开始有些慌乱了，因为他知道，以前公司人事调动的时候，上司也这么说，但最后还是谁和上司关系搞得好，谁就最后胜出。想到这里，小郭暗骂自己怎么鬼迷心窍竟给忘记了，让小张抢占了先机。于是，他就立即着手准备策划如何开启各个部门上司这扇大门。但是，找到这些上司后，上司们都笑眯眯地婉言以拒，只说让他好好工作就是了。但是，越是这样，小郭就越是失望。他认为，上司已经被小张收买了，自己再也不可能有什么希望了。于是，在工作中，他就开始了委靡不振，整天恍恍惚惚，心事重重。

小张在办公室依旧不紧不慢地工作着，有时甚至还要关心地劝说小郭好好工作。小郭心里直骂他表面上装得一本正经，背后却暗使阴招，所以对小张恨之入骨。

终于，最后的选拔时间到了。这次选拔完全是按照公司的选拔政策，在公开、公平、公正的条件下进行的，小张以最优异的工作业绩获得了胜利。上司还特意把他所获得的所有成绩都张贴出来和所有参选者的成绩进行比较，小张所做的一切业绩都让大家十分佩服，无话可说。平时散漫的小张，并没有见他如何努力工作过，现在却取得了真真切切、人所共睹的业绩，这让大家在惊异的同时更多了一分敬重和折服。

这也只有小张一个人知道，他从自己布满血丝的眼中终于看到了收获的果实。其实，小张在办公室里故意表现出懒散的样子，而每次下班回到家，他就玩命地工作。小郭这时终于知道了小张在背后玩的确实是"阴招"，不过却是非常有效。小张躲过所有人的眼睛，使暗劲，蒙蔽了竞争对手小郭，而且还把小郭引到玩关系牌的歧路上，让小郭惶惶不可终日，从而失去了竞争成功的可能。

对于小郭，如果凭自己的实力，小张是没有多大希望的。如果小郭努力工作，好好表现，是极有可能获胜的。在职场中，有很多已经布置好的陷阱等着你去尝试，稍不留神就真的会失去一切。任何的表面利益，不要轻易相信，一定是自己发现的才是最可靠的，别人的诱导往往就是自己的坟墓。

职场竞争不会一路平坦，在这里一定要擦亮自己的眼睛，识破对手的阴谋。要知道彼此的视线内外充满着烟幕，稍不留神，就会迷失。三十六计云："明修栈道，暗度陈仓。"职场竞争中，要从竞争对手和自己两个方面同时进行，把对方带入迷阵，而在暗中拼命地提高自己。同样的，职场竞争中要学着保护自己，识别迷阵，坚持走自己的路，不要步入对方设置的迷阵中。

把握拒绝的分寸

要想不被别人拒绝，你最好先拒绝别人。同样，在职场，也要有在适当的时候拒绝别人的意识和勇气。要知道，一味地逢迎、妥协、逆来顺受并不会得到别人的尊重，反而会让别人看轻你自己。如果你适当地拒绝，拒绝得有理，你不但不会得罪对方，还会让对方尊重你，进而对你刮目相看。

身处职场，常常要面对同事的请求。如果是力所能及或者说理所当然的事情，那还好办。如果是一件难度很高的事情，就有点不知如何是好了。答应下来吧，可能要连续加几个晚上的班才能完成，而且也不符合公司的规定；拒绝吧，嘴又难张，毕竟大家都是同事。应该怎么找一个既不会得罪同事，又能把这项工作顺利推出去的理由呢？

快下班的时候，贺多多接到了金杰的电话。他心急火燎地请求贺多多再帮他一下，写个新方案给客户。他说客户已经催了他好几次了，而他实在没时间。最近，因为和女朋友谈恋爱的关系，金杰常常这样请贺多多帮忙做方案。金杰是贺多多在公司里关系比较好的同事之一，以前他们在业余时间常常一起去打球、游玩，贺多多挺喜欢金杰的洒脱和率真。所以，一个月前，当金杰一脸兴奋地谈到他和一个女孩子交往的时候，贺多多毫不犹豫就答应了帮他干点活，给金杰更多的时间去"谈朋友"。可是一个月下来，贺多多发现自己越来越不快乐，因为自己已经厌倦了总是替金杰做事。可是，怎么拒绝金杰呢，他觉得很难说出口。作为好朋友是应该相互帮助的，拒绝会不会让他失去这个朋友呢？贺多多想了很多……

面对贺多多这样的情况，也许有人会直接对同事说"不"，口气非常生硬。这绝对不是最佳的选择，因为它可能会让你和同事以后连朋友都做不成。也许有人会推托说："我能力不够，其实小马更适合。"那你有没有想过，当同事把你的这番话说给小马听时，他会作何反应？

看来，这些都不是拒绝同事的好方法。那么，我们该如何做呢？

在你决定拒绝之前，首先要注意倾听他的诉求。比较好的办法是，请对方把处境与需要讲得更清楚一些，自己才知道如何帮他。"倾听"能让对方先有被尊重的感觉，在你婉转地表明自己拒绝的立场时，也较能避免伤害他的感觉，或避免让人觉得你是在应付。

如果你无法帮助别人，就应该温和坚定地说"不"，语气要诚恳，并说明你的苦衷，告诉他原因。当你仔细倾听了同事的要求，并认为自己应该拒绝的时候，说"不"的态度必须是温和而坚定的。好比同样是药丸，外面裹上糖衣的药，就比较容易入口。同样地，温和地表达拒绝，也比直接说"不"更让人容易接受。拒绝后，对方肯定想知道你的理由，你就应该坦诚地告诉他原因。如果一句话也不说，势必会引起误会，对方也许会怀疑你根本就不想帮助他，而不是你没有这种能力。

不要以为拒绝了就完事了，而应该在事后给予对方一些关心。拒绝后，你可以给对方一些建议，隔一段时间还要主动关心对方的情况。若能化被动为主动去关心对方，并让对方了解自己的苦衷与立场，就可以减少拒绝的尴尬与影响。从对方来讲，拒绝本来就是一件伤害别人的事情，你就更应该适时地给予对方一些关心，这能够起到安慰对方的作用，而不是让对方陷入孤立无援的境地。

如果说拒绝同事比较轻松的话，拒绝你的上司则更是难上加难了。

作为上司手下的一名员工，你常常会遇到这样的情况：上司吩咐你去做某项工作的时候，也许是慑于上司的压力，也许是出于其他的某种考虑，你往往不会去拒绝而是马上应承下来，即使这件事不该你做，或超出了你的负荷。对上司的要求来者不拒，就能使上司认为你能力强，且任劳任怨，是一个优秀的员工吗？是否就会对你以后的工作产生持久的积极作用？答案当然是否定的。你不顾自己的能力和客观情况承接下来的任务，有时反而会成为你额外给自己找来的枷锁和危险。

小夏天性木讷，不善于和别人打交道。可是，有一次老板竟然要他去催款。催款这种事情他肯定做不来，应该交给能说会道、善于交际的人去做才对。小夏也知道自己干不了这种活，可他没有勇气拒绝老板，只好硬着头皮答应了。

来到目的地，对方热情地招待小夏，酒桌上要小夏喝酒。小夏坚持自己的原则，一口也不喝，让对方下不了台。对方一气之下，编了一个理由，把小夏打发走了。小夏没有完成任务，老板自然非常生气。老板说："如果你办不到，为什么还要答应？这是工作，不是游戏，逞什么英雄！"

该答应的时候答应，该拒绝的时候拒绝，这也是一种能力。否则，就会像小夏一样给自己带来很多的麻烦。

有选择性地拒绝上司虽然很有必要，但做起来往往又不是那么简单。毕竟，面对每天管理着自己的上司，简单的一个"不"字不是那么容易就说出口的。所以，拒绝上司还需要掌握拒绝的艺术。

也许你的上司交给你一些任务，但你无法完成，那么你可以主动请求上司帮你定出先后次序。例如："我现在有 5 个大型计划，10个小项目，您看我应该最先处理哪个呢？"明智的上司自然会懂得你的言外之意，也能体会你的认真谨慎，自然会把一些细枝末节的工作交给别人处理，不再强迫你。

你的上司欣赏你，给你一个新职务，而你却觉得这个职务不适合你，你该怎么办呢？你当然不能马上拒绝你的上司，这样会使你的上司难堪，尤其是当着别人的面更不应该如此。你可以表示先考虑几天，然后慢慢解释你为何不适合这项工作。值得注意的是，一定要和上司正面沟通，诚恳地陈述你的理由，而不是选择躲避，到处找借口。当上司听完你的理由时，就会觉得你是一个对公司负责任的人，就会得到上司更多的支持。

你的上司也许要给你额外的工作，比如周末要你完成一份策划，但你已经约好了朋友一起聚会，这时你该怎么办呢？你要直接告诉上司你的实际情况，然后保证会尽力把正常的事务处理好，但超额的工作就难以应付了。上班时，你要全力以赴，表现出极高的工作效率。下班后，跟老板打声招呼，然后去忙自己的事。这种隐性的拒绝，会让上司觉得你很敬业，更不会因此而忽视你。

总之，拒绝别人毕竟是一件伤害别人感情的事情，一定要掌握技巧，把握分寸，给对方一个台阶下，也给自己留一条退路。

分享你的成绩

众人拾柴火焰高，有了成绩和荣誉一定要与同事们分享，千万不要独自吞食。要记住一句话：功劳是大家的，责任才是自己的。即使是你凭一己之力得来的那些成果，也不可独占功劳。

每个人都希望自己与荣誉和成功联系在一起，但是，如果你无视别人，就很难在职场立足。因此，不要感叹上司、同事和下属度量的狭小。其实，造成最后这种局面的根源还在于你自己。在享受荣誉的同时，不要忽略别人的感受。

美国有一个家庭日用品公司，几年来生产发展迅速，利润以每年10%～15%的速度增长。这是因为公司建立了利润分享制度，把每年所赚的利润，按规定的比例分配给每一个员工。这就是说，公

99

司赚得越多，员工也就分得越多；员工明白了"水涨船高"的道理，人人奋勇，个个争先，积极工作自不用说，还会随时随地检查出产品的缺点与毛病，并主动加以改进和创新。

职场的黄金原则就是要与同事合作，有福同享、有难同当。当你在职场上小有成就时，当然值得庆幸。但是，你要明白：如果这一成绩的取得是集体的功劳，离不开同事的帮助，那你就不能独占功劳。否则，其他同事会觉得你抢夺了他们的功劳。

老梅是一家出版社的编辑，并担任该社下属的一个杂志的主编。老梅平时在单位里上上下下关系都不错，而且他还很有才气，工作之余经常写点东西。有一次，他主编的杂志在一次评选中获了大奖，他感到荣耀无比，逢人便提自己的努力与成就，同事们当然也向他祝贺。但过了一个月，他却失去了往日的笑容。他发现单位同事，包括他的上司和属下，似乎都在有意无意地和他过不去，并处处回避他。

过了一段时间，他才发现，他犯了"独享荣耀"的错误。就事论事，这份杂志之所以能得奖，主编的贡献当然很大，但也离不开其他人的努力，其他人也应该分享这份荣誉。而现在自己"独享荣耀"，当然会使其他同事不舒服了。

虽然上帝给了我们两只手一张嘴，但人们还是喜欢动嘴而不喜欢动手。无论在何时何地，我们总能看到一些高谈阔论的人。他们总是炫耀自己的才能多么的出众，如果能按他说的计划实行，必定能成就一番大事。这些人滔滔不绝，在自己空想的领域里如痴如醉。然而，在旁人看来，那是多么的可笑和愚蠢啊。

所以，当你在职场上因有特殊表现而受到肯定时，一定不能独享荣誉，否则这份荣耀会为你的职场关系带来危险。当你获得荣誉后，应该学会与其他同事分享。正确对待荣誉的方法是：与他人分享、感谢他人、谦虚谨慎。

在职业生涯中，最圆滑的处世之道就是当你的工作和事业有了成就时，千万记得不要独自享受。要让自己拥有团队意识，摒弃"自视清高"的作风，换成"众人拾柴火焰高"的职业意识。只要注意到这一点，你获得的荣耀就会助你更上一层楼，你的人际关系也将在现在的基础上更进一步。

如果你乐于与同事分享功劳，不仅会得到同事们的拥戴，也会给上司留下良好的印象。不过，这种分享一定得是发自内心，并且不要回报的，不能对同事抱着"施恩"的态度，或希望下次有机会再讨回这份人情。

不是你的功劳，就不要去抢

有福同享，有难各担。当你有机会抢同事的功劳时，你会出手吗？这里，我们建议你不要抢功。不论你是否会被发现，抢别人的功劳并不是成功的捷径。世上没有不透风的墙，一旦你抢别人功劳的事情被人发现后，你将会被贴上道德败坏的标签，使自己就很难在公司立足。当别人做出成绩时，不要嫉妒，更不能萌生抢功的想法，要对自己有信心，相信自己一定可以作出更大的成绩。俗话说："真金不怕火炼。"要想在职场中获得认可，就必须凭借自己的能力去开拓事业，投机取巧的做法终究会害人害己。因此，不要去做夺取他人功劳的傻事。

黄浩和马彦妮同在一家公司工作，平时关系相处得很好。年终，公司搞推广策划评比，每个人都可以拿方案，优胜者有奖。黄浩觉得这是一个好机会。经过半个月的深入调研，加上平时对市场工作的观察思考，黄浩很快作出了一个非常出色的策划案。方案征集截止日的最后一天，马彦妮突然叹了一口气说："哎，黄浩，我还真有点紧张，心里没底啊。你帮我看看方案，提提意见。"黄浩连想都没想就答应了。马彦妮的策划很是一般，没有什么创意，黄浩看完没好意思说什么。马彦妮用探究的目光盯着黄浩，说："让我也看看你的方案吧。"黄浩心里一阵懊悔，可自己刚才看了人家的，现在没有理由不让别人看。好在明天就要开大会了，她想改也来不及了。

第二天开会，马彦妮因为资历老，按次序先发言。马彦妮讲述的方案居然跟黄浩的方案一模一样。在讲解时，她对老板说："很遗憾，我现在只能讲述自己的口头方案，电脑染了病毒，文件被毁了，我会尽快整理出书面材料。"黄浩听了目瞪口呆，她没想到马彦妮会抢自己的功劳。她也没有把自己的方案交上去，也是用口述的方法把自己的方案讲述一遍。老板很惊奇，也不知道这个方案究竟是谁的。但由于马彦坭资历老，马彦妮的方案获得老板的认可。因为方案不是她自己的，有些细节不清楚，在执行方案时出了一点漏洞，又无法及时修正，结果失败。后来，老板得知确实是她抢了黄浩的方案，就无情地炒了她鱿鱼。

做事坦荡的人，会赢得别人的尊重，不属于自己的功劳，就不要挖空心思去占有。不抢功，不夺功，这样的人不仅人际关系好，而且会永远立于不败之地。

大卫是一个研究所的副所长，负责一个课题的研究。由于行政事务繁多，他没有把全部精力放在课题的研究上。他的助手通过辛勤努力，把研究成果搞了出来。这个课题得到了有关方面的认可，赢得了很大的荣誉。报纸、电视台的记者都争相采访大卫，他都拒绝了，并对记者们说："这项研究的成功是我助手的功劳，荣誉应该属于他。"

在座的人听了，都为他的诚实和美德所感动，在报道助手的同时，还特别把大卫坦荡的胸怀和言语都写了出来，使大卫也获得了很好的评价和荣誉。高明的上司从不抢占下属的功劳，下属有功，你的功劳自然也体现出来了。从不抢占别人功劳这一点上，可以看出一个人的品质。由此可见，优秀的品质是一个人成功的前提。

　　我们在工作中不应该总想着怎样去夺取他人的功劳，而是应该学习别人的长处，提升自己的才能，从而去创造属于自己的功劳。古人云："不见己短，愚也，见而护之，愚之愚也；不见人长，恶也，见而掩之，恶之恶也。"意思是说：看不见自己短处的人是一个愚蠢的人；若知道自己的短处而又不改正和正视的人是一个更加愚蠢的人；看不到别人长处的人是一个可恶的人，看到别人长处而又不去学习且加以诋毁和掩盖的人是一个更加可恶的人。孙子说，"知己知彼，百战不殆"，就是只有知道了别人和自己的真实情况才能有的放矢、百战百胜。如果没有这种意识和精神，那是不可能进步的，没有进步就意味着停止和倒退，就会被社会淘汰。因此，我们要想在工作中获得真正的竞争优势，就应该在不断地完善和充实自己的同时坚守正确的职业道德。

与比自己能力强的人亲近

　　常和优秀的人们在一起，你也会变得优秀；常和聪明的朋友在一起，你也会变得聪明。和成功的人在一起，你也能成功；与智者同行，你会不同凡响；与高人为伍，你就能登上巅峰。俗话说："鸟随鸾凤飞腾远，人伴贤良品格高。"一个人如果想要成功，就应该多接触那些杰出的成功者，他们的成功经验，会对你的成功产生巨大的影响。

　　在一个财富论坛上，主持人说："请大家写下和你相处时间最多的6个人，也是与你关系最亲密的6个朋友，记下他们每个人的月收入。从他们的收入我就知道你的收入。为什么？因为你的收入就是这6个人月收入的平均数。"开始大家不信，结果出来后，基本应验了这一"真理"。进而得出结论：一个人的财富在很大程度上由与

103

他关系最亲密的朋友决定。犹太经典《塔木德》中有一句话：和狼生活在一起，你只能学会嗥叫；和那些优秀的人接触，你就会受到良好的影响，耳濡目染，潜移默化，成为一名优秀的人。

现实中，很多人都乐于与自己水平相当或比自己能力差的人在一起，因为在这些人面前自己有种优越感。但是，长时间和这些人在一起，你就变成了一个能力很差的人。在职场，你完全可以和与自己地位相仿的人打成一片。但是，你往高处走，就要学会与比自己优秀的人互动。

美国有一位名叫阿瑟·华卡的农家少年，在杂志上读了某些大实业家的故事，很想知道得更详细些，并希望能得到他们对后来者的忠告。

有一天，他跑到纽约，也不管几点开始办公，早上7点就到了威廉·亚斯达的事务所。

在第二间房子里，华卡立刻认出了面前那体格结实，长着一对浓眉的人是谁。高个子的亚斯达开始觉得这少年有点讨厌，然而一听少年问他："我很想知道，我怎样才能赚得百万美元？"他的表情便柔和并微笑起来。俩人竟谈了一个钟头。随后，亚斯达还告诉他应该去访问的其他实业界的名人。

华卡照着亚斯达的指示，遍访了一流的商人、总编辑及银行家。

在赚钱这方面，他所得到的忠告并不见得对他有多少帮助。但是，能得到成功者的指引，却给了他自信。他开始仿效他们成功的做法。

又过了两年，这个20岁的青年成为他做学徒的那家工厂的所有者。24岁时，他是一家农业机械厂的总经理。不到5年，他就如愿以偿地拥有百万美元的财富了。这个来自乡村粗陋木屋的少年，终于跨入了成功人士的行列。

华卡在活跃于实业界的67年中，实践着他年轻时来纽约学到的基本信条，即多结交有益的人。会见成功立业的前辈，能转换一个人的机缘。

怀特是美国印第安纳州小乡镇上的铁道电信事务所的新雇员。16 岁时，他便决心要独树一帜。27 岁时，他当了管理所所长。后来，成为俄亥俄州铁路局局长。

当他的儿子上学读书时，他给儿子的忠告是："在学校里要和一流人物结交，有能力的人不管做什么都会成功……"

你也许会觉得这句话太庸俗。但请别误会，把有能力的人作为自己的榜样并不可耻。朋友与书籍一样，好的朋友不仅是良伴，也是我们的老师。

要与伟大的朋友缔结友情，跟第一次就想赚百万美元一样，是相当困难的事。这原因并非在于伟人们的超群拔萃，而在于你自己容易忐忑不安。

很多年轻人之所以在职场失意，就是因为不善于和前辈交际。第一次世界大战中，法兰西的陆军元帅福煦曾说过："青年人至少要认识一位善通世故的老年人，请他做顾问。"

萨加烈也说了同样的话："如果要我说一些对青年有益的话，那么，我就要求你时常与比你优秀的人一起共事。就学问而言或就人生而言，这是最有益的。学习正当地尊敬他人，这是人生最大的乐趣。"

小心"职场嫉妒症"

身在职场中的我们，会时常嗅到嫉妒的味道。"我们都是同一批单位的同事，为什么她只需坐在办公室接接电话，我却要在外面日晒雨淋地奔波？""为什么她的创意总是得到老板的肯定？""为什么她的办公桌在临窗的好位置？""为什么新人小马刚进公司就被送去国外进修？""为什么她老公总来接她下班？"……职场中林林总总的嫉妒心理到底是催人奋进的动力，还是打乱工作节奏的垃圾情绪？

嫉妒作为人心理活动的一部分，从心理学的角度讲，"职场嫉妒症"往往隐含着很多深层的心理原因。在心理咨询中发现，那些具有"职场嫉妒症"的人，常有以下几种心理症结。

童年生活在大家庭里，曾经和兄弟姐妹竞争父母的关心和爱，总感觉父母更爱同胞而不爱自己，觉得委屈和不公平。成年后，便会无意识地把童年对同胞和双亲的感情，转移到同事和上司身上，总觉得上司偏爱同事，自己则受到了不公平的对待。

个性过于追求完美的人，过于要强，总想把身边的一切都控制在手心，当发现不随他意的事情时，看到上司和同事并非他所能控制，便会产生焦虑和心理失衡感。

具有"自恋"人格的人，童年往往是被忽视的孩子，成年后总是渴望别人能关注、理解和赞美他，别人能为他服务。可是，工作环境里怎么可能一切如愿呢？于是，上司对同事正常的关心，都可能带给他"自恋性损伤"，激起他的嫉妒和愤怒。

还有的人性格具有偏执的特征，总是假设别人是恶意的，总感觉到自己被攻击。这样戴着有色眼镜看世界，也容易对别人横挑鼻子竖挑眼，觉得同事取悦上司也是在和他作对，为此而忧心忡忡和心怀忌恨。

职场嫉妒不可能完全戒除掉，只要有人的地方就会有嫉妒。那么，当我们遭人嫉妒时，该怎么办？

化妒火为同情。如果你是一个出类拔萃的白领女性，在工作中就可能会有女人妒忌你，尤其是那些年纪比你大、资历比你深的女同事，更会以为将要获得晋升的应该是她而不是你。但是，请你先别生气，先别痛心，千万不要以为她们的情绪反弹是专门冲着你来的，要理解她们失意的心情。同时，你要多编造或挤出自己生活中许多还不如她们的"隐情"，告诉她们你是多么的苦恼或不幸。让她们觉得你其实也不容易，有些地方还远不如她们。而且你要切忌张扬，应谦和地夹起尾巴做人，以此唤起妒忌者心理的平衡，反而对你会生出些好感或同情来。

尝试称赞同事。每天去发现同事身上的一个优点，或者值得赞美的地方，比如她的工作能力、文笔、口才等方面。或者直接赞美对方的发式、着装、脸色等，这种赞美在最初可能不自然，但一点点习惯后就会逐渐自然起来。

让出名利。有一些人与同事的关系不好，是因为过于计较自己的利益，老是争求种种的"好处"，时间长了难免惹起同事们的反感，无法得到大家的尊重。而且这样做总在有意或无意之中伤害了同事，最后，使自己变得孤立。而在事实上呢，这些小东西未必能带给你多少好处，反而弄得自己身心疲惫，并失去了良好的人际关系，真可谓是得不偿失。如果那些细小利益不大会影响前程，就可以多一些谦让，一些荣誉称号多让给其他同事，再比如与其他人共同分享一笔奖金或是一项殊荣等，这种豁达的处世态度无疑会赢得同事的好感，也会增添你的人格魅力，会带来更多的"回报"。

拒绝办公室恋情

办公室并不适合大肆张扬的恋情，一旦恋过了头，就会因为分心而直接给工作打了折扣，就会因为其他同事的渲染而变色。而在办公室这个特定的环境里，发生恋情的双方，身份的定义应该是"同事"而非其他。当这一层关系被模糊化或错位后，难免会出现很多问题。

如果有比较理想的同事，很多人会选择同事作为恋爱对象。但情场的得意也往往会换来职场的失意。直接的后果就是：即使你工

107

作勤勤恳恳得像只老黄牛，你的老板也会怀疑你的上班时间是不是都在谈恋爱。别抱怨老板的胡乱猜疑，你站在他的位置上一样也会这么想。有的公司有这样的规定——不允许发生办公室恋情，一旦被高层获悉，其中一方，要么主动辞职，要么被公司解雇。

小张刚开始工作的时候，是在深圳一家集团公司担任培训主管。那时，由于他的勤奋和能干，颇得上司的赏识。当时部门正在招一个招聘专员，而他女友还没有找到工作，他满怀信心地把她推荐给上司。起初，上司非常高兴。但一听说是他女友时，热情就降了下来，并找了一些理由推托。开始时，小张想不通，但后来一位同事告诉他：公司不允许恋人在同一个部门。这时，小张才恍然大悟。

日复一日，在办公室里朝夕相对、情投意合，继而发生微妙的感情。这种现象，可能在不同的企业机构里都屡见不鲜。只不过，有些人会选择暗中往来，发展"地下情"，把感情尽量低调处理。而有些人则十分高调，毫无顾虑地把感情明晰化，并在其他同事在场的时候，也尽情泄露"恩爱"之情。这两种态度都不能简单地说错与对，但相对而言，前者的处理方式要比后者来得讨好——爱情本来是两个人之间的事情，可以在两人单独相处的空间中随意表达爱意。但是，当爱情成了同事之间的另一种关系时，如何把它处理好，不给公司的形象造成影响，则需要当事人谨慎处置，分清楚工作与感情究竟孰重孰轻。

有个部门经理年近40岁，离异单身，在深圳有车有房，也算过得比较潇洒。他有一个比较漂亮的助理，刚毕业一年，在他手下做事，也颇得他的关爱。此后，彼此关系进一步发展：开始时常常下班后一起去逛公园、吃饭，继而一同出差，到最后两人公开在外面同居。这件事在公司传开了。后来，老板怕影响公司的风气和该部门的办事效率，找了个机会将该经理解雇了。

正所谓"兔子不吃窝边草"。同事最好只做同事，如果有非分举动，就很可能会给你带来很多麻烦。

将你带离困境的未必是朋友

有些同事看似跟你关系不错，倾听你的烦恼，能给你一些帮助，甚至将你带离困境，可他们未必是你的朋友。有的只是想利用你，一旦你没有利用的价值，他便会撕开面具，让你惊讶不已。工作中不要以一时的得失来判断一个人，更不要将对人的喜恶长期装在头脑里，作为与别人相处的依据。正如一位政治家所说：世上没有永恒的敌人，也没有永恒的朋友，只有永恒的利益。利益一致的时候，我们就能成为朋友。利益不同时，我们可能会成为敌人。

在这个物欲横流的社会里，在这个尔虞我诈的职场中，我们都渴望能多几个真心朋友，少几个钩心斗角的敌人。但谁是你的朋友，谁是你的敌人？很多人常从自己的得失来判断，到头来却看走了眼。人们常认为，给自己带来帮助和利益的人就是自己的朋友，对他们的恩情念念不忘；而将曾经给自己带来伤害的，或者相互抵触的人就当成自己的敌人，时刻对他们设防，到头来却发现是一场误会。有一个寓言故事很贴切地说明了这一点。

一只小鸟正在飞往南方过冬的途中。冬天的天气太冷了，小鸟一下就冻僵了，从天上掉了下来，跌在一大片农田里。它躺在田里，一动也不能动。这时来了一头母牛，拉了一泡屎在它身上。冻僵的小鸟躺在牛粪堆里，发现牛粪真是太温暖了。牛粪让它慢慢缓过劲儿来了！它躺在那儿，又暖和又开心，不久又开始高兴地唱起了歌。一只路过的猫听到了小鸟的歌声，便跑过来看个究竟。顺着声音，猫发现了躲在牛粪中的小鸟，非常敏捷地将它刨了出来，并将它给吃了！这个故事的寓意是：不是每个在你身上拉屎的都是你的敌人，不是每个把你从屎堆中拉出来的都是你的朋友。而且要记住，当你陷入深深的粪堆当中（身陷困境）时，请闭上你的嘴！

工作中，我们太容易从表面上看人，将太多精力用在防范一些不相干的人身上。平时，如果哪位同事批评了你的工作，在上司面前打过你的小报告，或者因为无意中给你带来一些困难，你可能就会将他钉在敌人的木桩上，时刻找机会报复，怨越结越深。而平时一些同事给过你一些关照，给过你一些机会，在你困难时宽慰过你，或者平时感觉相处得不错，你常常会把这些人当成你的朋友，可到最后别人出卖了你，利用了你，你却一直蒙在鼓里，甘愿为其效劳。

　　以下是一个公司培训经理在这方面的真实感受。

　　我曾经在一家公司里负责培训，工作很单调，没什么技术含量可言。只有一个下属，还很不愿意配合工作，整天跟我磕磕碰碰的，常常因为一些小事与我争吵。我整天苦恼得要命，一直想跳槽，或者换个部门。这时，品质部的一个老大认识了我。在他的帮助下，我顺利逃离了苦海，跳到另一个部门。对于他的帮助，我一直感激于怀，工作上也不遗余力地为其效劳，同他在同一条战线跟别人争斗。但慢慢地，我发现越来越不对劲：他始终防我防得很深，重要工作从不让我插手，每天都安排些鸡毛蒜皮的事来敷衍我。我的工作都要经过他的检查，报告做好发给他后，他再署名发给上面的高层。部门经理很想提拔我，他却一直暗中阻挠，不想让我飞出他的控制。这时我才明白，他不过是想借我的名声来给他升职抬价。而对于我的发展空间，他一直限制得死死的，使我名副其实地成为他的工具和傀儡。

　　从这个经理的感受中，我们可以看出，职场中不能只凭表面来判断一个人的好坏。有时候，一些同事跟你较劲，跟你工作上不太配合，感觉很不好相处，这可能是出于他的性格问题，而非他本意。有时候，一些同事给你惹来一些麻烦，也可能是一场误会，没必要过于放在心上。许多人常认为，帮助过自己的人就是朋友，伤害过自己的人就是敌人，常以自己的得失作为分辨敌友的分水岭。但实际上，将你带入困境的未必是敌人，将你带出困境的也未必是朋友，评价一个人的好坏还是要从长远看。

第五章　与下属相处的规则

"得人心者，得天下"

有句话说得好："得人心者，得天下；失人心者，失天下。"在职场，一点点感情投资，就可以换回下属百倍的回报。即使只是有两三个兵的你，也要掌握一些与下属相处的规则，与他们打成一片。

在现实生活中，有许多身居高位的大人物，会记得只见过一两次面的下属的名字，在电梯上或门口遇见时，点头微笑之余，叫出下属的名字，会令下属受宠若惊。于是，这种富有人情味的上司必能获得下属的衷心拥戴。有人说："世界上没有无缘无故的爱。"

吴起是战国时期著名的军事家，他在担任魏军统帅时，与士卒同甘共苦，深受下层士兵的拥戴。当然，吴起这样做的主要目的是要让士兵在战场上为他卖命，多打胜仗。他的战功大了，爵禄自然也就高了。

有一次，一个士兵身上长了个脓疮。作为一军统帅的吴起，竟然亲自用嘴为士兵吸吮脓血，全军上下无不感动，而这个士兵的母亲得知这个消息时却哭了。有人奇怪地问道："你的儿子不过是小小的兵卒，将军亲自为他吸脓疮，你为什么哭呢？你儿子能得到将军的厚爱，这是你家的福分哪！"这位母亲哭诉道："这哪里是爱我的儿子呀，分明是让我儿子为他卖命。想当初，吴将军也曾为孩子的父亲吸脓血。结果打仗时，他父亲格外卖力，冲锋在前，最终战死沙场。现在他又这样对待我的儿子，看来这孩子也活不长了!"

难道吴起真的仅仅是钟情于士兵，视兵如子吗？自然不是，他这么做的主要目的是要让士兵在战场上为他卖命。作为上级，只有和下级搞好关系，赢得下级的拥戴，才能调动下级的积极性，从而促使他们尽心尽力地工作。俗话说"将心比心"，你想要别人怎样对待自己，自己就要先那样对待别人。只有先付出爱和真情，才能收到一呼百应的效果。

项羽是一个力拔山、气盖世、"近古以来未尝有"的英雄，是楚国的贵族，是推翻秦王朝的第一等功臣。在灭秦战争和楚汉战争中，项羽堪称战无不胜，攻无不克。刘邦则是个贫民、流氓，是一个酒色之徒，没有打过几次胜仗，也没有攻克过几座城池。秦亡之时，项羽握兵 40 万，而刘邦仅 10 万，实力远不及项羽。但是，楚汉相争的结局，却是刘邦得了天下而项羽自刎乌江。

为什么实力强大的一方，却败在了实力较弱的一方的手下？究其原因，还是刘邦得人心，项羽失人心。刘邦引军入咸阳，与民约法三章，即"杀人者死，伤人及盗抵罪"，深得民心。项羽入咸阳后，则屠咸阳，杀子婴，焚宫室，血洗关中，收其宝货妇女据为己有。这样一来，项羽就失去了民心。

另外，项羽刚愎自用，不知笼络人才；而刘邦则虚怀若谷，知人善任。项羽用了范增，可关键时刻不听其建议，鸿门宴放走了刘邦，留下了巨大后患。而刘邦则笼络了一大批将才，如萧何、张良、陈平、韩信等，个个能谋善断，成为刘邦问鼎天下的功臣。

每一个下属都希望得到上司的尊重，也只有爱兵如子的统帅，才会有尽心竭力的士兵效命疆场。作为上级，只有和下级搞好关系，赢得下级的拥戴，才能调动起下级的积极性，从而促使他们尽心尽力地工作。

信任别人对事业会有很大帮助

与下属建立良好的信任关系，是企业上司试图达到的一种理想的用人状态。所谓"疑人不用，用人不疑"，讲的就是这个道理。经理人一旦把工作交给员工后，就要完全信任他们，而不要过多地进行干涉。

信任下属才能赢得下属的信任，企业才能散发出坦诚、信任的清新空气。当上司对下属敞开心扉，坦诚相见时，员工也会打开紧闭的心门，从而对企业更加忠诚。

三国时的孙策，十几岁就统率千军万马横扫江东，声震四方，年纪轻轻就干出了一番大事业。他的部下对他非常忠诚，愿意为了他连命都不要。孙策为什么能得到部下的拥护呢？只因为他信任部下。如果没有他对部下的信任，他也不会取得那么大的成就。

孙策对太史慈的重用就充分地表明了他对部下的信任所产生的良好效果。当刘繇被孙策杀得大败，残兵败将逃散四方的时候，孙策派太史慈去招纳刘繇的部下。这时，身边的人都担心太史慈会恋旧主而一去不返。而孙策却说："太史慈不是那种人，你们放心好了。"他亲自为太史慈设宴送行，握住他的手问："什么时候能完成任务？"太史慈说："不过两个月。"果然，过了50多天，太史慈就率领着浩浩荡荡的队伍回到了孙营。

太史慈能够顺利招纳刘繇的部下与孙策的信任分不开，正是因为孙策的信任，太史慈才能全心地为他效力。不过，并不是每一个人都能做到用人不疑。有些上司就无法像孙策一样信任自己的部下，从而失去了部下的忠诚。

南宋本来是有机会收复中原失地的。当岳飞在前线大举胜利时，宋高宗却连下十二道金牌急令岳飞班师。"十年之功，废于一旦！所得诸郡，一朝全休！社稷江山，难以中兴！乾坤世界，无由再复！"而岳飞班师回朝后，却被秦桧以一个"莫须有"的罪名给速速处死了。宋高宗如此胆小又昏庸的君主怎可能收复失地，保祖宗基业？他宁愿相信一个从辽俘虏而回的秦桧，也不相信岳飞，宋高宗就如此地自毁长城了。等到宋孝宗再想收复失地之时，已无人能担此重任了。

相对于宋高宗，刘秀算是一个比较聪明的君王。就算他对自己的臣子已经有所怀疑，但还是没有彻底失去信任，为自己留了余地。

东汉初年，冯异是刘秀手下的一员战将。他不仅英勇善战，而且忠心耿耿。当刘秀转战河北时，屡遭困厄。在一次行军途中，部队弹尽粮绝。饥寒交迫之际，正是冯异送上仅有的豆粥麦饭，才使刘秀摆脱困境。此外，还是他首先建议刘秀称帝的。他治军有方，为人谦逊。每当诸位将领相聚各自夸耀功劳时，他总是一人独避大树之下。因此，人们称他为"大树将军"。

冯异长期转战于河北、关中，甚得民心，成为刘秀政权的西北屏障。这自然引起了同僚的妒忌。一个叫宋嵩的使臣前后4次上书，诋毁冯异，说他控制关中，擅杀官吏，威极至重，百姓归心，都称他为"咸阳王"。冯异对自己久握兵权，远离朝廷，也不大自安，担心被刘秀猜忌。于是，他一再上书，请求回到洛阳。刘秀对冯异的确也不大放心，可西北地区却又少不了冯异这样一个人。

为了解除冯异的顾虑，刘秀便把宋嵩告发的密信送给冯异。这一招的确高明，既可理解为对冯异深信不疑，又暗示了朝廷早有戒备，恩威并用。冯异连忙上书自陈忠心。刘秀这才回书道："将军之于我，从公义上讲是君臣，从私恩上讲如父子。我还会对你猜忌吗？你又何必担心呢？"

说到底，刘秀还是无法对冯异充分信任。不过，他也知道必须信任冯异。只有这样，冯异才能更加对他忠心。所以，他选择了这样的方式，既试探了冯异，也让冯异觉得君王对自己还是信任的。

用人者都知道信任别人对事业会有很大帮助，但要做到真正地用人不疑，需要勇气、需要胆量、需要气魄，并不是每一个上司者都能做到这点。很多上司在吩咐下属去完成某项工作时，总免不了会想："这件事交给他去做妥当吗？他能完成吗？他不会泄露出去吧？"

如果你想让你的下属能全力以赴地去完成你交代的任务，那就把你的猜疑之心收起来，哪怕你心里并不太信任他，也别表露出来，而要让他感到你对他充分信任。

与下属应保持一定的距离

常言说：距离产生美。恋人相处需要保持一点距离，与下属相处也要保持一定的距离。

某老板唐某是个性情中人，疾恶如仇，爱憎分明。可是，自从当上老板以后，他发现，这样的性格让他很难做事。对下属好了，他们蹬鼻子上脸；对他们不好，又会出现消极怠工的现象。为处理好跟下属的关系，他特意向专家咨询。专家说："第一，要善待下属；第二，要和他们保持距离。"唐某说："这话是矛盾的。善待他们还要保持距离，这怎么可能呢？"专家说："只有善待下属，他们才能够为你出心出力。这样的例子不胜枚举。比如，诸葛亮为什么会那么卖命地为刘备打天下呀，就是因为刘备很会收买人心。"唐某感慨："是啊，士为知己者死。收买人心是最厉害的管理招数，尤其是在中国这样一个重视情义的国家。"专家说："这中间有个度一定要把握住，那就是对待下属好是好，但一定不能与他们称兄道弟，距离是一定要保持的。上司必须要有威信，否则无法做好管理。而威信的建立，首先是距离。"

"与群众打成一片"是许多人在标榜自己工作成绩时格外卖弄的

一点。但是，是不是距离越近越好？不！"群众"的某些特点其实也是每一个人的一些固有习性，使你不得不把距离适当拉开。

人都有这样一种"惯性"，即"得寸进尺""蹬鼻子上脸"。你要是对他近乎些，久而久之，他便会由最初夸赞这位上司没有架子，工作作风好，进而和你称兄道弟，不分里外、上下、轻重，说不定将自己的意愿与你的指挥做统一，最后很可能就骑到你的脖子上。比如，我所认识的一位服务部的经理小陈就是与手下人打得过于火热，后来每一次分配工作，手下人竟然都要跟他讨价还价一番，搞得小陈自己相当被动。

人还有"宰熟"的心理。对生人或接触有限的人，因为摸不清底细，便不敢轻举妄动。没有了距离，大家相当熟络，从生活习性到特长爱好，都了如指掌。根据你的喜好投你所好也好，知道你的弱点采取相应对策也罢，你每行一步都在别人的掌握之中，甚至你"一翘屁股别人便知你拉什么屎"。如此，你是上司，还是被监控的对象甚至被利用的傀儡？

上司艺术中有人强调上下级保持距离，这样就可以树立权威形象。孔老夫子曾说过："临之以庄，则敬。"其意无外乎是上司与下属保持距离，不要太亲近，留给下属一个庄严的形象，下属就会对其产生敬畏感、服从感。

无论上司多么尊重你、赏识你，作为一个下属不应该得意忘形，应该摆正自己的位置、约束自己的言行，不对上司表现出格举动。尤其切忌当众做有损上司形象的事，那将直接损害上司的权威。上司尊重下属是应有的胸怀和气度，下属保持谨慎是应尽的职责，双方都应做好自己该做的事。一个人对他人的喜恶是由其性格决定的，在这一点上，上司也不能免俗。如果上司和下属之间不能保持一定的距离，下属之间就会因上司对每个人的厚薄不均而产生嫉妒、引起关系紧张等一系列不良后果。连刘备的铁哥们关张都不能免俗，更何况我们这些俗人呢。

戴高乐曾经说："没有神秘就不能有威信，因为对于一个人太熟悉了就会产生轻蔑之感。"一个下属对上司屈膝奉迎乃至行贿，并不是因为他对上司尊敬有加，往往是因为其自认为和上司关系到了很密切的程度，可以通过以上行为把上司玩弄于股掌之间，达到自己的目的，满足自己的私欲。与下属保持一定距离，可以减少下属对上司的恭维、奉承、行贿等行为。

黑格尔曾说过："仆人眼里无英雄。"仆人眼里为什么没有英雄？因为仆人每天和他近距离接触，服侍他吃喝拉撒睡，任何人在这方面都无所谓英雄表现，相反却看到他与常人表现一样的方面。而在寻常人眼里，英雄都是以一种居高临下的姿态出现，前呼后拥，一般人也不能靠近，只能仰视。因此，眼里的英雄往往十分完美、神秘。

许多人都怪自己的上司变化无常，一时优柔寡断，一时又坚韧不拔，无坚不摧，让人摸不清他究竟在想什么。其实，这才是正确的上司形象。聪明的管理者一般都喜欢把自己的思想感情隐藏起来，喜怒不形于色，不让别人窥出自己的底细与实力，这样就能保持一定的神秘性。一般来说，城府不深的人易受操纵。为防止这类事发生，就应保留一点神秘感，让人产生一种深不可测的畏惧。既然别人不知道你会有何反应，他们便会小心翼翼地对待你，而不敢轻易地利用你。

要"扬"也要"抑"

作为上司，在处理许多问题时，都要换位思考。比如说服下属，很多时候并不是没把道理讲清楚，而是由于你不替对方着想。如果换个位置，上司放下架子，站在被劝说人的位置上瞻前顾后，这样沟通就很容易成功。

聪明的上司应该学会打官腔的技巧：对对方某些固有的优点给予适度的褒奖，使对方得到心理上的满足，使其在较为愉快的情绪中接受工作任务。对于下级工作中出现的不足或者失误，特别要注意，不要直言训斥，要同你的下级共同分析失误的根本原因，找出改进的方法和措施，并鼓励他一定会做得很好。要知道斥责会使下属产生逆反心理，而且很难平复，对以后的工作会带来隐患。

有一种三明治批评法是上司们应该了解和掌握的规则。所谓三明治批评法，是指有的人遇到一件不如意的人或事，大多数情况下，直接去批评的话效果一定不好，那你要先使用赞美，然后使用小小的批评，最后再去赞美。

美国一位著名社会活动家曾推出一条原则："给人一个好名声，让他们去达到它。"事实上，被赞美的人宁愿作出惊人的努力，也不愿让你失望。一个人具有某些长处或取得了某些成就，他还需要得到社会的承认。如果你能以诚挚的敬意和真心实意的赞扬满足一个人的自我，那么任何一个人都可能会变得更令人愉快、更通情达理、更乐于协作。因此，作为上司，你应该努力去发现你能对部下加以赞扬的小事，寻找他们的优点，形成一种赞美的习惯。

另一方面，下级工作难免会出现不足或者是失误。上司要及时指出，这样才有利于企业的长远发展。那么，当下属出现失误时，上司应该如何与下属沟通呢？那就需要三明治批评法。

你的公司要求上班时间穿职业工作装，可是有一天刘小姐没有穿，你又不能不管。你应该这么说："嘿，小刘，今天的发型很漂亮啊（第一步——赞美），如果配上咱们公司的职业装（第二步——其实是批评），你会更精神更漂亮！（第三步——赞美）"

这种批评方式，就像三明治，在面包的中间夹着其他东西，故称为三明治批评法，一直被中国台湾、日本的管理人员广泛应用。

使用了三明治批评法，效果就是不一样，每个人都会感到鼓励和激励。所以，要学会使用积极正面的语言去形容消极负面的事情。

如果你希望周围的一切欣欣向荣，就把一切你需要改变的，用积极正面的语言来进行沟通。

你是上司，带领几个下属去比赛保龄球。比赛的时候，下属抛过去的球打倒了7个。作为上司，可能会有两种表达。其一："真厉害，一下就打倒了7个，不简单!"这种语言是激励，下属听起来很舒服，其反应是："下次我一定打得更好!"其二："真糟糕，怎么还剩3个没有打倒呀! 你是怎么搞的?"下属为了缓解上司对自己的压力，就会产生防御思维和想法，其反应是："我还打倒了7个，要换了你还不如我呢!"两种不同的做法和不同的语言，前者起到激励的作用，后者产生逆反心理，产生不同的行为结果。积极的激励和消极的斥责，对于下属的影响就会是两种截然不同的结果。而三明治批评法把消极的批评加在积极的鼓励中，有着突出的效果。

美国著名的女企业家玛丽凯·阿什就采取了"先表扬，后批评，再表扬"的做法，收到了理想的效果。她说："批评应对事不对人。在批评前，先设法表扬一番; 在批评后，再设法表扬一番。总之，应力争用一种友好的气氛开始和结束谈话。如果你能用这种方式处理问题，那你就不会把对方臭骂一顿，就不会把对方激怒。我看到过这样一些经理，他们对某件事情大为恼火时，必将当事人臭骂一顿。主张这样做的人认为，经理应当把自己的怒气发泄出来，让对方吃不了兜着走，绝不可心慈手软。发泄以后，再以一句带有鼓励对方的话语结束谈话。从理论上说，一切似乎都将恢复正常。尽管一些研究管理办法的顾问极力鼓吹这种方法如何好，但是我不敢苟同。你要是把人臭骂一顿，其人必定吓得浑身哆嗦，显然绝不会听到你在骂够这些之后才补充的那句带点鼓励的话。这是毁灭性的批评，而不是建设性的批评。我们都有脆弱的自尊心，都希望受到表扬而不希望受到批评。"

批评也要讲究艺术

人都有一种渴望被认可的心理。每一个员工都希望别人对自己的成功表示赞扬，从而有一种满足感。作为上司要充分认识到这一点，这种方法不仅不用花费较大的心血和资金，还简单易行，起到的效果往往也比较理想。通过上面的例子可以看到，在激励员工时，一定要让员工心里产生一种满足感。只有让员工知道自己得到了承认，受到了尊重，达到了自我实现的满足感，才能促使员工去努力工作。

上司批评下属不可避免，但是作为上司，你不要把它当做想当然的事情。当你让下属的自尊心受到伤害后，他会产生消极情绪，开始怠慢工作，严重者还会愤而辞职。所以，用人时一定要牢记：必须时刻保住下属的面子，不能当众伤害他们的尊严，更不能挫伤他们的积极性和干劲。

批评是让人改正错误的方式，但批评也要讲究艺术。恰当的批评会向对方敲响警钟，改正错误。反之，则会适得其反，弄巧成拙。在工作中，员工难免会犯错误。因此，上司要想纠正错误、批评员工，一定要注意场合，最好是在没有第三者在场的情况下进行。否则，再温和的批评也有可能会刺激受批评人的自尊，因为他会觉得在同事面前丢了面子。他或许以为你是有意让他出丑，或许认为你这个人不讲情面，不讲方法，没有涵养，甚至在心里责怨你动机不善。如果批评人不注意场合，就会带来这么多的副作用，受批评者心生怨恨，批评人、改变人的目的就很难达到。

如果必须在现场当众批评人，其态度措辞也要特别谨慎。要以不刺伤他人的自尊自我为前提，否则就很难达到批评人、改变人的目的。

　　措辞要客观准确婉转，纠正别人、批评别人时，不能主观行事，不能夸大其词，不要生硬直露，更不要纠缠旧账。不恰当的措辞，可能会激怒对方。比如："你必须听我的，改变那种做法，否则……"这种命令威吓很难使人心服口服，即使可能出于下级服从上级的原因，表面上服从了你，但他的心里一定会怨恨你。命令威吓是最伤人自尊的。为什么不可以客观婉转一些呢："这种做法不符合上面的规定，会带来很多麻烦，我们看看怎样做才更好。"

　　许多批评可能是善意的，想帮助对方改变某些错误。但由于措辞不当，导致对方怨恨，甚至关系破裂，根本达不到批评改变人的目的。善意但不讲究措辞的批评往往会出现所谓"好心没好报"的后果。

　　在批评、纠正员工之前，先要停一下，想一想如何更客观、更准确、更婉转，更能达到目的，而不要直率得让人觉得你粗俗简单、容易伤人。

　　保全他人面子的办法是给他人留下台阶、留下退路，让他人体面地退却。当对方已经明确表明某一态度和意见时，纠正他的最好的办法是为他找一个安全合理的理由，这个理由既不使他丢面子，又可使他全面地改变自己的观点和态度。就事说事地把责任推给模糊的第三者，使当事人有台阶可下，也是一个聪明的做法。

　　周总理给人的印象总是和蔼可亲，但他同样也面临批评纠正别人错误的问题。通过下面的例子，我们可以看出周总理是如何批评纠正下属的过错的。

　　1971年"9·13"事件中，林彪摔死在蒙古温都尔罕。这一事件影响巨大，出于对国家安全的考虑，此事对外绝对保密。当时，我驻蒙古大使馆官员察看现场后，派二秘孙某回国向周总理汇报。同机返回的还有中建公司的一位同志。周总理让符浩同志到机场去接。符浩把孙某接到招待所，而让中建公司的同志回家过夜，嘱咐他绝对保密。当晚，周总理听符浩汇报情况。大家坐定，周总理问："和他一起回来的还有谁？"符浩答，还有中建公司的一位同志，已经回家。没等他说完，周总理的脸色一下子沉下来，双眉猛然一蹙，厉声打断他："你当过兵吗？"周总理对符浩非常了解，知道他是行伍出身。这个突如其来的质问显然是言有所指。符浩一怔，顿时感到问题的严重，立即答道："我马上把中建公司的那位同志找回来！"他半夜驱车，把中建公司的同志接到招待所，并报告了总理，总理这才长嘘了一口气。

周总理在上例的批评中采用了委婉暗示的方式，它包含着丰富的"潜台词"："你当过兵吗？难道不知道保密的极端重要性吗？你不应该失去做一个兵的警惕性。"古人说："引而不发，跃如也。"总理的这种批评方式就起到了这种作用。他并不必把全部内容都说出来，对于一个长期共事，有着丰富经验的下级来说，只需要点到为止就够了，无须长篇大论地开导批评，对方便会全部领会其中的深意，并马上纠正其错误。这种方式对于彼此较熟的下级来说，确有响鼓不用重锤的妙处。

批评应就事论事，以不伤害他人自尊为前提，同时也要给他人一个台阶下。激烈的措辞只能使之心生怨恨，反而背离了你的根本目的。

给人一棒子之后，别忘了再给个甜枣，千万不要一棒子把人打死。严厉地指责完部属之后，别忘了适时地给予安慰。为了让挨了骂而沮丧万分的下属拥有重新冲刺的勇气，适时地安慰是很重要的。但是，安慰要得法，可别让对方以为你是因骂了人后悔才安慰他，这样可就会产生让对方看轻的反效果。所以，在斥责与安慰之间，必须保持一段适当的时间，这一段时间最好是在半天到一个礼拜之间。

多拍下属"马屁"

不仅下属需要拍上司的马屁，实际上，上司也要多拍下属的马屁。激励是指一切协助达到满足个人需要的欲望或动力，它包括过程、物质或态度。激励员工是指管理人员通过一些刺激、推动等方法，来协助员工达到公司及个人的预期目标。

许多经理认为，称赞下属太多，下属就可能因此变得骄傲自大，也会开始松懈，这是一种错误的观念。身为一位管理者，最重要的工作之一，就是成为一个为下属喝彩的上司。这个意思是说，一个管理者必须是第一个注意下属优秀表现的人，并且称赞他们。

在公司里，无论他们是管理人员，还是普通员工，都希望自己的工作能被肯定。谁也不愿意自己辛辛苦苦地干了半天，却得不到上司的半点肯定。假如一个员工长久得不到肯定的话，那么他今后肯定会失去对工作的兴趣，失去对工作的主动性。上司如果了解员工这一心态的话，可以随时给予员工必要的鼓励，以达到激励士气、鼓舞人心的效果。

同样，当下属呈上的是最好的工作作品，而你却视而不见，这样很容易让下属感慨，觉得何必这么辛苦工作，何必要求自己做这么多、做这么完美。因此，工作品质就会渐渐下降。慢慢地，他们的工作表现必定也会变差。毫无疑问，任何人都是需要激励的，都是需要被别人承认的。因此，当一个人费尽心思干完一件事后，你至少应对他说一句："嘿，干得不错。"

某公司的一个员工搞了一项发明，公司老总立刻对这个员工说："这是一个非常好的产品。"随后就投放了市场，很快就取得了很好的效益。员工从精神上得到了很大的鼓励，而且满足了"自我实现"

的需求。随后，在颁奖大会上，公司老总除了为这位员工颁发奖金和证书外，还给其父母、爱人、孩子买了不同的礼物，这位员工当场就感动得流下了眼泪。这位员工不仅得到了精神鼓励，而且还有物质奖励。可以设想，他以后一定会为公司的发展而更加努力。

对于员工，不论他们的想法多么少，他们的建议多么微不足道，上司只要发现，就要给予适当的鼓励。即使是简单的一句"谢谢"，员工也能感受到你对他的关心。听了这句话，员工的工作心态也会变得轻松很多。

在通常情况下，上司对员工的要求大致如下：工作是否达到了目标，对事业有无贡献，是不是进步了，有没有造成损失。有些上司硬将这几点放在一块作为评价的标准，未能同时达到的就不予奖励。但事实上，能同时达到这些标准的员工几乎没有。因此，上司应从鼓励员工的愿望出发，只要员工能达到其中的任何一项要求，就应当给予表扬奖励。

某公司经理时常到各工作场所巡视。一旦发现工作出色，或者在动脑筋设计新方案的员工，他就在全体员工集会时，当众加以赞扬。

数年后，这个公司的一位退休人员说："几年前，我曾为公司设计出一种新产品，得到了经理的奖励。当经理在开会提到这件事时，我很吃惊，也很感动，觉得死而无憾。多年来，默默为公司所做的努力，终于以这种形式被经理承认，我感到非常满足。而且，在退休欢送会上，经理又再度提起这件事，我禁不住流下眼泪。"

通过这个小小的事例，可以看出，员工努力工作在被承认后是何等地愉快、何等地激动。员工的努力工作如果能经常被赞赏的话，员工的心理就在很大程度上得到了满足。

做下属的听众

在你期望能够获得驾驭别人的卓越能力之前，必须学会关心别人。下属中最普遍的抱怨形式就是唠唠叨叨，把自己的一肚子不满倾倒出来。对此，上司绝不能听而不闻。相反，你一定要做下属的听众。

获得驾驭人的卓越能力的最快捷、最方便的方法之一就是用同情的心理，竖起耳朵倾听他们的谈话。要成为一个好的听众，你必须学会什么都能听得进去，忘掉自己，要有足够的耐心。

要学会什么都能听得进去。不知道还有什么比当一个人想同你谈话，却遭到你的拒绝能更快地羞辱他的人格和伤害他的感情的方法了。有什么人那样对待过你吗？谁那样对待你，你就会背离谁，就会从谁身边走开。当别人不听你说话的时候，你的感情就可能被深深地挫伤。但这并不是你的罪过。

当你聚精会神地听一个人讲话的时候，你必须把你自己的兴趣放到一边，把你自己的好恶隐藏起来，不要表现出任何偏见，至少暂时需要这样。在听人讲话的几分钟时间里，你必须将自己100%的注意力集中到对方身上，细心倾听他所说的话。你必须调动起自己的全部精力和知觉听人家讲话，你能够做到这一点，也必须做到这一点。

完全忘掉自己。这一点对于一向以自我为中心的大多数人来说，一开始是比较困难的。对于我来说，我是一切事物的中心，世界要围绕着我旋转。但就你而言，你又是一切事物的中心，世界又要围绕着你旋转。几乎我们所有的人都在不断地争取成为这个中心。除了睡觉以外，人们把大部分时间都花费在企图得到某种重要的社会地位上去了。

　　但是，如果你想获得卓越的驾驭人的能力，就一定不能那样做，你必须训练自己的意识，将强调自己的习惯向后移动一下。你必须暂时放弃想把自己放在一个众人瞩目的位置上的想法，而要让别人占据一会儿那个位置。

　　如果付给你高薪让你忘掉自己足够长的一段时间去听别人讲话，你会怎么样？你肯定还能接受吧。

　　要有耐心。有耐心也不是一件很容易的事，尤其是在你有急事要办，可某个人非要告诉你一些无关痛痒的事情的时候，更不容易耐住性子。有的时候，他简直把你逼得走投无路。你只好硬着头皮听，恨不得他赶快把话说完。但每次听完之后，你都要大大夸奖他一番，因为他的建议正确又合乎逻辑。当然，偶尔你也不得不听一些废话。但与那些好主意相比，这是微不足道的。

　　锻炼耐心倾听的最好方法就是不批评人，不急于下断语。不管你怎样忙，都不能这样。在你发表看法之前，最好是冷静地思考一番。尤其是那些可能毁坏对方的自我意识、尊严和自尊心的事情，就更不能轻易下断言。无用的批评从来都不是驾驭别人的方法。

　　如果你认为能够以牺牲别人为代价，获得驾驭人的卓越能力的话，或者不用关心那个人和那个人的生活福利也可以获得驾驭人的卓越能力的话，那么让笔者告诉你：那是错误的想法，那是万万办不到的。你的驾驭别人的卓越能力必须对别人有好处，否则你就不会拥有驾驭别人的能力。

给下属实惠的鼓励

每个人都希望自己所做的事被别人认可，希望自己点点滴滴的进步都能够被别人肯定，希望上司的目光能够投向每一个角落。大多数员工希望贤明的上司应该像上帝一样，无所不知，无处不在。不仅看见战功显赫的功臣，也关注冲锋在前的士兵，还要认清干活偷懒、两面三刀，上司来了，就拼命表现，而上司一走，就耍滑偷懒的人。关注勤恳工作的员工，客观地鼓励和奖励他们，最容易激励他们做好日常工作，让上司放心。

小胡是某一外企的职员，由于长时间处于繁重的工作压力下，并且不时地加班，让他产生了厌职情绪。他在工作中经常烦躁不安，甚至产生了换工作的想法。正当他苦苦挣扎时，上司把他叫到办公室，对他近期的工作进行了一番赞赏的肯定，然后给了他一个大红包。小胡手里拿着红包，心情一下子就好多了。原来自己的努力没有白费，工作成绩得到了上司的认可。从此，小胡又怀着愉快的心情去上班了。

上司送的红包具有很奇妙的作用。有时候，上司在每个人的工资袋里都加了同样的钱，可每个人都认为只有自己享受了特殊的奖励。结果，下个月大家都很努力，争取下个月得到更多的奖金。要想使红包真实地发挥刺激作用，就需要上司有一颗公正的心，有一双雪亮的眼睛。

如果你的下属工作勤恳，十分卖力，长期默默地为你工作，使你的公司蒸蒸日上；如果你的下属经常给你提出一些合理化建议，使你深受启发；如果你的下属具有良好的表现、给公司带来收益、为公司作出贡献，那么你作为上司，千万不要吝啬自己的腰包，要不失时机地暗地里送一个红包。这会让所有的员工都感觉到上司的眼睛是雪亮的，都认为自己的努力不会白费，多流一滴汗水就会多一分收获。

公司的员工各具特色，有勤奋而忠诚执著的人，他们始终能默默地工作，值得信任；有敢想、敢说、敢干、富有创新精神的人，但他们由于经常无所顾忌而得罪他人，人缘不好；也有喜欢"溜边""耍滑"、制造事端、夸夸其谈者。作为一个上司，你要深入了解下属，注意那些优秀的工作者，及时奖励他们的出色表现，也要关注和关心默默无闻的普通员工，肯定幕后英雄的辛劳。在日常工作中，虽然大多数人并不在意自己付出了多少辛勤劳动，但他们确实在乎自己付出的努力是否得到承认。如果他们努力一番却无人所知，就会使他们感到不被认可，因而灰心丧气。当这种情形发生时，他们只得采取不再卖力或进行一些消极怠工的行动以示反抗。

事实证明，暗地里送红包是激发工作热情，鼓励员工拼命工作的好方法。它向员工表示，员工的工作表现在上司的心里是非常清楚的。员工表现得好，就会得到红包。得红包的员工在感激之余，必定会加倍努力。

外国公司大多实行送红包，老板认为谁工作积极，就在谁的工资袋里加钱或另给红包，然后发一张纸说明奖励的理由。奖励的理由是各种各样，有奖励个性特点的：如员工工作认真而勤奋，踏踏实实，热爱本职工作，有能力，富有创造精神等；也有奖励工作业绩的：超额完成任务，本月无残次品，质量检查认真负责任等。也可以根据一次、偶然的事情实施奖励。例如：某员工提出一项合理化建议，检修工因细心而避免了一个小事故，某员工表现出了可谓爱公司如爱家的行为等，不一而足。什么时候送红包，也是灵活多样的。可以是临时的，也可以是定时的。每周、每月、季度和年终奖等都可以用暗奖。当然，它并不排斥明奖的作用。

红包里的钱，根据奖励的目的、奖励的对象特点及上司可以支配资金的数量灵活掌握，数量可多可少。一般说来，平时奖金数目要小一些；季度、年终奖金数目要大一些，偶然做的好事要少一些；好的工作作风，给公司带来巨大收益，红包里的数额可以大一些。

暗地里送一个红包，不会引起其他员工的不满。它对受奖人产生刺激，对其他人则不会产生刺激。因为谁也不知道谁得了奖励，得了多少，所以，很少发生纠纷。当众发奖容易产生嫉妒，造成混乱，好事反变坏事。每个人都干好工作，避免由于评奖浪费精力和掺杂人缘及不客观因素，从而影响正常的工作。

不可纠缠在小事之中

有些上司总喜欢揪住下属的小辫子不放，事实上，这样做是绝不可取的。要做大事，就需纵观全局，不可纠缠在小事之中。

《郁离子》中讲了这样一个故事：赵国有个人家中老鼠成患，就到中山国去讨了一只猫回来。中山国的人给他的这只猫很会捕老鼠，但也爱咬鸡。过了一段时间，赵国人家中的老鼠被捕尽了，不再有鼠害，但家中的鸡也被那只猫全咬死了。于是，赵国人的儿子问他的父亲："为什么不把这只猫赶走呢？"言外之意是说它有功但也有过。赵国人回答说："这你就不懂了，我们家最大的祸害在于有老鼠，不在于有没有鸡。有了老鼠，它们偷吃咱家的粮食，咬坏了我们的衣服，穿通了我们房子的墙壁，毁坏了我们的家具器皿。我们就得挨饿受冻，不除老鼠怎么行呢？没有鸡最多不吃鸡肉，赶走了猫，老鼠又会为患，为什么要赶猫走呢？"

这个故事包含了一个简单的道理：如果只是盯住别人的缺点和问题不放，就没有办法去团结人，更不能充分发挥人才的积极性！

同样的，在处理事情的时候，一味地强调细枝末节，以偏概全，

129

就不能抓住要害问题去做工作，没有重点，头绪杂乱，不知道从哪里下手才是正确的。因此，无论是用人还是做事，都应注重主流，不要因为一点小事而妨碍了事业的发展。须知金无足赤，人无完人。我们要用的是一个人的才能，而不是他的过失，为什么总要把眼光盯在过失上呢？

古人对小节不究看做是一个人能否成大事的关键。他们提倡的是胸怀大局，不纠缠于细枝末节，看重的是人的才干，而不是只看存在的问题。能够宽恕他人的短处和过错，不因为人存在哪一方面的缺陷就放弃使用，这是忍小节的中心内容。所以，《列子》中讲："要办大事的人不计较小事，成大功业的人不追究琐事。"历史上那些明智的统治者正是认识到了这一点，广泛地招贤纳士，集合天下有智慧的人为自己服务，进而实现自己的雄心壮志。相反，嫉贤妒能，因为别人有一点小问题，就置人才于不用的人则十分愚蠢。

宁戚是卫国人，他在车旁喂牛，敲着牛角高歌。齐桓公见了，认为他非同寻常，打算起用他管理国家。臣子们听说了此事，觉得为慎重起见，应该多了解一下有关宁戚的背景，就劝齐桓公说："卫国距离我们齐国不算远，可以派人去那里打听一下宁戚的情况。如果他确实是个有才德的人，再使用他也不算晚呀！"齐桓公听了以后说："你们之所以建议我派人去打听，是怕宁戚有些什么小毛病、小错误而对他不放心。如果仅仅因为一个人有些小毛病而舍弃他，不使用他的真正的大才，这正是世人失去天下贤士的原因。"随后，齐桓公力排众议，提拔重用了宁戚，让他做了上卿。齐桓公充分认识到作为一个统治者，在用人方面应该看重什么，不应该看重什么。所以，他才能不计较人才的小毛病，提拔重用了一批有才干的贤士，使自己成为霸王。如果不看人才的主流，而用条条框框去限制用人，又有哪一个人能够符合被重用的标准呢？

相传子思住在卫国，向卫王推荐苟变时说："他的才能可以率领500辆战车，可任命他为军队的统帅。如果得到这个人，您就会天下无敌。"卫王说："我知道他的才能可以成为统帅，但荀恋曾经当过小吏，去老百姓家收赋税，吃过人家两个鸡蛋，所以这个人不能用。"子思说："圣明的人选用人才，就像高明的木匠选用木材，用它可用的部分，抛开它不可用的部分。所以，杞树、梓树虽有一围之大，但有几尺腐烂了，优良的木匠并不放弃它。为什么呢？那是因为知道几尺腐烂的木材的危害很小，最后能做成非常珍贵的器具。现在，您处在战国纷争的时代，要选取可用之才，如果只是因为两个鸡蛋就不用栋梁之材，这种事可不能让邻国知道啊！"卫王再一次拜谢说："愿意接受你的指教。"

险些因为两个鸡蛋就葬送了一个军事统帅，要不是卫王能够认真听取子思的意见，哪里再去找一个领兵打仗的干将呢？荀恋的故事给职场的上司以启发，用人要择大弃小，要看重下属的优点，忽略下属的非原则性错误。

人格魅力的力量

有位部门经理常以老大自居，下属工作稍不尽如人意，他便当众责骂。下属跟他稍微有点抵触，他就说人家反他。结果不到半年，部门里的员工走掉一半多，还剩几个也跟他磕磕碰碰。而同部门的另外一个经理，却非常有涵养，很尊重下属的人格和利益。所以，大家都喜欢跟着他。

一个具有人格魅力的管理者，他不用指挥和监督下属，下属也会竭尽全力把工作做好，因为下属觉得跟你很亲近，值得为你卖命。具有人格魅力的管理者，无论他在不在这个位置上，下属也一样会尊重他、听从他的意见。即便离职后，下属也会很怀念他，常与他联系。

有些人当上主管或经理后，往往变得很狂妄，自以为是，对下属指手画脚，稍不顺意就骂出很难听的话。老实的下属遇到这样的上司通常会唯唯诺诺，这更让他不可一世。有这样一个经理，对下属非常刻薄，动不动就辱骂员工。有一个员工实在受不了了，一天经理骂他的时候，他便恼火地回敬一句："在这里你是老大，到了外面我就是你老大！"自那以后，那位经理才收敛了很多。其实，下属尊重你、听命于你，并不是因为你的能力，而在于你所处的位置。一旦你离开了那个位置，你很可能什么也不是。

有一个寓言故事能形象地说明这一点：一只四处漂泊的老鼠，有一天终于在佛塔顶上安了家。佛塔里的生活实在是幸福极了，它既可以在各层之间随意穿梭，又可以随时享受到丰富的供品。它甚至还享有别人所无法想象的特权，那些不为人知的秘籍，它可以随意咀嚼；人们不敢正视的佛像，它可以爬在上面自由休闲。兴起之时，甚至还可以在佛像头上留些排泄物。每当善男信女们烧香叩头的时候，看着那令人陶醉的烟气慢慢升起，它猛抽着鼻子，心中暗笑："可笑的人类，膝盖竟然这样柔软，说跪就跪下了！"有一天，一只饿极了的野猫闯了进来，它一把将老鼠抓住。"你不能吃我！你应该向我跪拜！因为我代表着佛！"这位老鼠抗议道。野猫讥讽道："人们向你跪拜，只是因为你所占的位置，而不是因为你！"说完，就把老鼠吃了。

一个管理者的权力主要来源于职权和个人魅力。很多管理者习惯于前者，但如果过于依赖职权，必然会引起下属的反感，对你的工作安排只会消极应付，而不会很乐意地全力以赴。等你离职后，往往会人走茶凉，下属们甚至还会拍手称快。但如果你注重自己人格魅力的提升，效果就截然不同。

一将无能累死三军

俗话说：一将无能，累死三军。没有无能的下属，只有无用的上司，什么样的上司带出什么样的下属。同一个下属，在不同上司那里会展现不同的价值。

大部分管理者都希望自己的下属能够办事得力，以便自己能省心。但有些管理者总责骂下属做事做不到他心坎上，常对下属的工作指手画脚，不断地责怪下属，最后下属也在长期责骂中无所适从。上司对他们来说也越来越不顺眼，彼此间的矛盾自然就越来越大。而且管理者也常羡慕别的管理者的下属如何顺心、得力，自己的下属却似乎一无是处。

有一个主管总觉得他下面的一个文员太老实，不够醒目。她每天只能做些打印文件、填写报销单、填写申请等简单工作，平时带出去出差也只是老实地跟在旁边做些记录。而且由于那位文员老实，谁都可以指挥她做事，这更让主管看不惯，从心里觉得她低人一等。于是，找了个机会，主管把那位文员辞退了。但接下来麻烦了：文件没人打了，基层工作没人做了，整个部门乱得一团糟。这时，主管才想起了那位文员的好，想招回来时，人家已经成了别人的得力助手。

其实，并不是下属无能，而是相处太久，老盯着对方的缺点，或者戴有色眼镜去看待对方，总觉得下属不顺眼。这样做，根本看不到下属的长处，也挖掘不出下属的潜能，反而在一片责骂声中让下属丧失了信心。其实，每个人都有他的长处。作为管理者，最重要的是把下属的潜能挖掘出来，避其短而用其长，这样才能摆对下属的位置，让他充分发挥出他的价值。如果你老是以直觉去判断下

133

属，你就可能会错失良才。

有这样一个人，他买了栋带着大院的房子。一搬进去，他就将那院子全面整顿，杂草杂树一律清除，改种自己新买的花卉。某日，原先的屋主拜访，大吃一惊地问："那棵最名贵的牡丹哪里去了？"这时，此人才发现，他竟然把牡丹当杂草给铲了。后来，他又买了一栋房子。虽然院子更是杂乱，他却按兵不动，果然冬天以为是杂树的植物，春天开出了繁花；春天以为是野草的，夏天成了锦簇；半年都没有动静的小树，秋天居然有了红叶。直到暮秋，他才真正认清哪些是无用的植物，而大力铲除，并使所有珍贵的草木得以保存。

许多上司常常因为表现在下属身上的一些假象，而戴着有色眼镜看待下属；因为下属表现出的一些缺点，而将下属当废品一样除掉。其实，在用人大师的眼里，没有废人。正如武功高手，无需名贵宝剑，摘花飞叶即可伤人，关键就看如何运用。其实，很多人都患有一种毛病，将自己看得过高，自认样样都最好，而别人则个个不如自己，唯有自己看自己才顺眼。这是非常错误的，因为世上每个人都有些优点值得你借鉴和运用，就看你如何去发掘和开发。

不要把下属当做自己的附属品

有些上司比较自私，或者比较偏心，总是利用自己的职权来侵犯下属的利益；而下属也因为长期积累的怨气，会利用上司的一些弱点进行打击报复。例如，搜集不利于上司的一些证据，暗地里进行攻击；到处宣扬上司的小气、诋毁上司的名声；上司遇到麻烦时不但不帮其解围，反而落井下石；有的甚至跟上司明刀明枪地干，工作上磕磕碰碰，成了公司的笑柄。

　　作为上司，要让下属忠诚于你，就必须学会尊重下属的利益。切莫利用自己的职权侵犯下属的利益，否则无穷的矛盾将从此开始。

　　在很多管理者的眼里，下属就是他的附属品，可以随意调配，可以利用职权来处置下属的利益。例如，某位下属能力比较强，业绩比较突出，本来升职机会应该给他，你却利用职务之便，把机会给了与你关系亲近的人；下属做的工作，往往以你的名义发出，把下属的劳动成果给剥夺了；公司给部门的利益，你也常常据为己有。而工作中，你又常常要求下属卖力，紧密配合自己，这本来就是一个矛盾。老是伤害下属的利益，还想维持良好的工作关系，根本就是空谈。很多上司跟下属关系闹得很僵，关键原因也在于此。

　　有个公司的部门主管，为人小气得要命。公司刚开始推行目标管理，业绩突出的部门每个月都有一笔奖金。于是，他鼓励下属们努力干，拿了奖金一起去吃饭，结果大家很努力工作。一个月后，他们拿到了 500 元奖金。没想到，钱一到了主管口袋就没了踪影。接着，他又鼓励大家努力，争取拿多点奖金，下次一起去旅游。可等到下个月 600 元奖金到手后，他却提出让下属们自己掏钱去旅游。反复几次，下属们一点激情也没有了。那位主管还有一个毛病：下属做的工作都要经过他检查，然后再以他的名义发出，弄得下属一点功劳也没有。如此一来，大家对这个主管都很反感，四处散布其污点，使那位主管的小气在全公司有名。自然，公司高层也因其为人而一直不肯重用他。

　　一个想成大器的管理者，必须得到下属的忠心支持。如果下属都纷纷背叛，那你的工作也很难开展。而要赢得下属的忠诚，眼光应该放长远一点，不要把目光锁定在下属一点微薄的利益上。如果你侵犯了下属的利益，必将遭到下属的抵制和报复，而让你遭受重大损失。所以，作为管理者，应该抱有"共赢"的思想，尊重和维护下属的利益，下属自然会勤恳努力，同时也能提升部门的凝聚力和你的人格魅力。

135

给下属一定的发挥空间

你要挖掘出下属的潜能，就必须给他一定的发挥空间。如果把员工技能知识比作一朵鲜花的话，管理者为员工提供一个自主的舞台，无异于是给这朵鲜花浇上了水，不会让它在干旱中枯萎，这朵花也会越开越鲜艳。

许多管理者在工作中常常会陷入一种误区，太相信自己的能力，似乎大大小小的事情都要亲自插手才能做好，才能让自己放心，或者害怕把一些权力下放给下属，导致自己大权旁落。如此一来，管理者往往会把权力收得很紧，每天下属的工作都要他安排，具体怎么做都要交代清楚，并要求做完后及时向他报告。有的甚至还越俎代庖，本是下属去做的事，他却跑去亲力亲为。下属做任何事，以及每天的行踪，都要向他汇报。这样会导致一个什么结果呢？大家经常可以看到一些管理者整天忙来忙去，最后把大事给耽误了，挨了老板的批评；而管理者却把责任推卸到下属身上，责怪下属都是"猪八戒"。

诸葛亮的个人能力是无可厚非的，无论是他的对手还是他的敌人，都对之赞誉有加，他也确实上知天文、下知地理，治国安邦、行军打仗，无一不精。为了治理好蜀国，为了不辜负刘备临终时的嘱托，他真正做到了鞠躬尽瘁、死而后已。然而，他作为蜀国的实际掌权者，作为一个上司，他有两个方面是不称职的：一方面，他事必躬亲，这样一来，大小事他都自己去做、自己去干，他手下的人自然就不能充分地发挥个人的聪明才智，丧失了积极性；因为所有的事情都已由他设定好了方法和步骤，手下的人只要按部就班就行。另一方面，其实也是上一方面造成的后果，由于诸葛亮太过努力，以致下属没有得到多少锻炼的机会，也就没有为蜀国培养多少接班人才，唯一一个姜维还是投降过来的，降将的身份使得他一直不能放开手脚去施展自己的才能与抱负。

在有些公司里，管理者对待员工的态度是只要做好本职工作就可以，所有的事都由管理者来决定，所有的计划都由管理者来发布。他们认为，责任就是由管理者来承担的，这是天经地义的事情，员工只不过是完成事情和计划的工具。这就会让员工心里产生自己只是一个小角色的想法，他的工作积极性又从何而来呢？

我们都知道，一个人做事，总是喜欢做自己感兴趣的事。如果管理者让自己的员工真正地参与到计划中，在做事中承担起一定的责任，无形中就为员工提供了一个相对愉快的工作环境，能够极大地调动起员工的工作热情，使之全身心地投入到工作中去。因为他们认为，这项计划中有自己的信念和想法，成败也有自己的责任，就会认为这种工作极其富有趣味性和责任感，自己也愿意为此付出全部精力并且还要自发地去学习新的知识来弥补不足。

韩国有一家工厂，实行了一种独特的管理制度，即让职工轮流当厂长，管理厂务。一日厂长和真正的厂长一样，拥有处理公务的权力。当一日厂长对工厂有批评意见时，要详细记录在工作日记上，并让各部门车间的员工收阅。各部门、各车间的主管必须依据批评意见随时改正自己的工作。这个公司实施"一日厂长制"后，大部分当过"厂长"的职工，对工厂的向心力都大为增强。工厂的管理收到了显著的成效，光生产成本就节省了 200 万美元。厂方把部分节省下来的钱作为奖金发给全厂员工。这样做，全体职工皆大欢喜，而同业者则望尘莫及。

培养下属应循序渐进

人都是趋利性的，做上司的如果不提防下属，一味地培养下属，把手里的激励手段一股脑儿给了下属，将来必然养虎为患。不要认为你对他好，他就会很忠心，要知道天下只有利益是永恒的。如果有一天你满足不了他了，就到了他给你添麻烦的时候了。所以，激励下属要做到细水长流，太容易到手的东西没有人会珍惜。很多时候，一个头衔、一点奖励，哪怕官职再小、奖品再薄，也不要轻易授人，最好能够激励部属通过公平竞争的手段去获得。

一位游人旅行到乡间，看到一位老农把喂牛的草料铲到一间小茅屋的屋檐上，不免感到奇怪。于是，就问道："老公公，你为什么不把喂牛的草放在地上，方便它直接吃呢？"老农说："这种草草质不好，我要是放在地上它就不屑一顾。但是，我放到让它勉强可以够得着的屋檐上，它就会努力去吃，直到把全部草料吃个精光。"

工作中，有些管理者待人很真诚，在培养下属时，往往毫无保留地把自己的经验和知识传授给下属，能给到下属的利益或奖励，也会全力去争取。这样的上司按道理应该受到下属的拥护和爱戴，但现实中往往并不如此。如果你把下属的能力训练得和你一样，接下来你就有麻烦了。如果你给他的激励已经满足不了他，他就会处心积虑地想取代你，或者振翅高飞。

猫是老虎的师傅。猫传授了很多本领给老虎，唯独没教老虎爬树。在老虎认为它全部学到了猫的本领之后，就想吃掉猫。可没想到，猫逃到树上躲过了老虎的扑杀。老虎问猫："你为什么不教我爬树？"猫说："如果我教你爬树，那我现在已经没命了。"

做师傅的要懂得留一手，做上司的也要懂得留一手。因为人都是追求利益、追求上进的，如果让下属一下爬到一定高度而停滞不前的时候，下属往往就按捺不住了，就会在背后搞事了。不要以为你以前对他很好，他就会感激你的恩情。职场上很少有知恩图报的人，就算当面不跟你斗，也会背地里暗算你。如果感觉实在替代不了你，他就会另谋高就。

　　某公司一位生产主管以前对他的助理非常关爱，助理刚入职时还是名应届大学生，没有任何工作经验。所以，整个生产方面的知识都是上司手把手教他的。开始时，下属对那位主管也比较忠心，死心塌地为他做事。但一年后，已经有了江湖经验的下属开始表现得不安分了，喜欢做些显眼的工作，喜欢在公司老板面前表现，喜欢套取上司的数据，甚至用软件从上司计算机里盗取资料。上司也看出了他的不安分，开始处处设防，甚至有时压制他。下属一下就撕掉面具，跟别的老板合作，想共同扳倒那位主管。后来，一番苦斗失败后，一看升职无望，他便匆匆离职，跳槽去了一家外企。

　　事实证明，对下属的培养和奖励应遵循一个循序渐进的过程。如果一次性把下属的胃撑大，那你以后就不好遥控他了。

不要对下属随意许诺

　　在没有实力兑现承诺之前，不要给下属乱开空头支票。否则，就可能会引发下属的不满，进而导致工作不能顺利。

　　人都是趋利的，以利诱之，便能调动他的积极性。所以，这一招成了上司拉拢下属的惯用伎俩。有的上司不管能不能兑现，都信口开河地给下属开各种各样的空头支票，而下属也常信以为真，于是很有激情地为上司办事。比如，鼓励下属说：你好好干，有机会我提升你做主管；有机会我跟上面的上司说一说，给你加薪；或者安排你去外面进修。但这些根本不是他所能办得到的，或者他对每个下属暗地里都这么说。在下属没有察觉之前，这的确是个妙招，不费气力就让下属服服帖帖，不遗余力地为你做事。但很可惜，这种情况并不多见。

某单位一上司就是使用这一招的高手。他刚调入该公司的时候，是别的单位招聘进来的，没有自己的亲信。为了拉拢那些新下属，他专门安排一段时间让下属有事去找他。很多下属都是愁眉苦脸地进去，却满脸微笑地出来。原来，这位上司事先就了解了下属们各自的苦衷，等下属去找他的时候，他不用你开口，就把你心里想要的说出来。例如，看到两地分居的，他就对下属说：好好干，等有机会我就把你对象调到市里来，让你一家人团聚。看到好几年没升上去的，他就鼓励说：我知道你工作做得好，资历又老，等有机会我把你调到某岗位去当上司。所以，他一上台就得到大家的拥护。但后来大家才发现，等他调走之后，他的承诺一个也没有兑现。

在职场中，也有很多管理者为了拉拢下属，喜欢给他们开一些空头支票：等有机会我就提拔你；等我上去了，我就把位置留给你；等我跳槽了，我就带你离开这个破公司，给你弄个好工作……这一招短时间内还比较管用，但到该兑现而没法兑现，让下属觉得你在欺骗他的时候，你就麻烦了。下属不但会与你反目成仇，还会把你的劣迹到处宣扬，坏你名声。因为他一旦信了你的话，便把赌注都押在你身上。等有一天发现你在欺骗他，根本兑现不了，那种失望和气愤是可想而知的。

某公司一位品质部的高级主管，在公司待了5年多了，还是没能升上去。手下就一个助理和一个文员，势单力薄。主管刚接手公司的 ISO 体系维护工作，由于人手少，工作不好开展。为了鼓励下属，他便承诺："等工作忙完，轻松点后，我带你们去外面度假。"公司 ISO 证书已到期，需要换证，工作量非常大，他又鼓励下属说："等换证评审通过后，我把你们提升上去，助理升主管，文员升助理。"结果，等到评审完后，公司派给他一个主管位，他却拿着这个职位到外面去招人，想招兵买马，扩充实力，好升经理。结果，下属们发现受骗后，立即与上司翻脸，工作上对着干，还把上司平时乱七八糟的事统统宣扬开来，给上司的名声造成了恶劣的影响，也让他的经理梦最终泡了汤。

所以说，不要以为是你下属就好欺骗、好调摆。下属并不是你的附属品，他们也有他们追逐的利益。如果能满足他们的利益，他们会很拥护你，很配合你的工作；而一旦你给他们开空头支票，侵犯他们利益的时候，他们就会翻脸不认人。不但让你的工作开展不了，而且由于他们与你长期相处，很多秘密为他们所知，导致后患无穷。

第六章 提升职场应变力有规则

成败在于应变能力

一般来说，应变能力强的人，都是聪明人，但聪明人的应变能力不一定都强。有些人平时善于思考，但反应不够快，真正遇到紧急情况就没了主意，甚至惊慌失措。还有一些人，喜欢墨守成规，常想着以不变应万变，结果常被一些突发事件搞得狼狈不堪。

20 世纪 30 年代初美国经济正处在大萧条之中，这对于所有人来说，都是一场空前的浩劫。当时，约翰·甘布士还只是一家织造场的小技师，他的前途也是一片昏暗。但是，当他得知那些倒闭的工厂低价甩卖堆积如山的存货，价钱低到一美元能买一百双袜子时，他就把自己所有的积蓄都用来收购低价货物。

不久，破产工厂见无人收购那些货物，便全部付之一炬，甘布士立刻面临巨大的破产压力。但很快美国政府采取了紧急措施，出面稳定了物价。由于厂家焚烧了货物，没有了库存，物价开始一天天上涨。妻子便劝他等再涨高一点时再抛售，他却果断地及时抛售。果然，他的存货刚刚售光，物价就开始下跌了。在那样一个不景气的年代，甘布士凭借着自己的远见挖到了人生的第一桶金。可以说，他在那时就显露了一个成功的上司的资质。果然，凭着自己的不懈努力，他成为美国百货业的巨子。

在非洲和地中海一带，有一种蛾类昆虫，它们的幼虫毛毛虫从卵中孵化出来之后，就成百地集结在一起生活。在外出觅食时，通常是一只带头，其他的毛毛虫头顶着前一只伙伴的屁股，一只贴着一只排成一列或两列前进。为防止自己不小心走岔路跟丢了，它们还一边爬一边吐丝。等到吃饱了叶子，它们又排好队原路返回。

这种毛毛虫的排队行为，当然有一定的功用。但是，人如果也像它们那样固执、不变通，就无法在这个瞬息万变的世界上立足了。而这种缺乏应变能力的行为在我们的生活中也是随处可见的，虽然不像那些毛毛虫那样夸张，但也颇为神似。有人办事很聪明，韬略也不少。可是，一旦突然情况出现，事情不是按照自己所预想的那样发展，就不知所措了。而等事情一过，各种奇思妙想都能想起来。这种人精于谋而拙于敏，很难处理好突发事件，不能算是真正的聪明者。真正的机会转瞬即逝，如果你不能随机应变，很可能对这些机会视而不见或是眼睁睁地看它溜走。

在危难的时候，应变能力就显得更加宝贵了。面对事先无法预知的危险，如何才能化险为夷，这就需要有极强的应变能力。

对上司表示必要的尊重

尊重上司不一定表现在面对面的时候，不论什么时候都要与上司保持一致。对别人说上司的好处，并且表现得忠心耿耿。同样地，上司也会如此回馈你。切忌背后议论上司，这是上司最为反感的。一般来讲，任何上司都希望下属对自己忠诚，听从指挥，一心一意，这是所有上司的心愿。在工作上，在日常生活中，与上司要言行一致，多给上司出主意，及时反馈信息。这些都是尊重上司的基本要求。

你或许会遇到的一种情形是从他人处听到对你上司的埋怨。比方说，在同一位副总裁上司下工作的另一位部门经理可能走到你跟前说："他是个十足的白痴，我讨厌在他手下工作。"碰到这种情况，你不想给对方以期盼的同情和支持，那该如何是好？以下是一些行为指南。

1．要求对方提供更多的详情

询问对方发生了什么事，使得他发出这样的抱怨。你可能会听到一则事例的详情，然后可能会这样回答对方："他确实有点感觉迟钝。可是，如果你希望消除彼此间的隔阂，你应该直接跟他讲。"

2．提出符合职业规范的解决办法

一旦你知道对方为何抱怨，就可建议对方与问题的源头直接接触："你为什么不去见见副总裁说明你的观点呢？对他建议彼此做些让步，以后这种事就不会再发生了。"

3．表明你的忠诚

务必要说明你尊重指令传播环节。你不应该加入流言或埋怨之中，只要它们并非建设性的。你甚至可以进一步现身说法："如果这事发生在我身上，我很可能会去见他，把事情摊在桌面上谈。"

如果你和你的上司发生冲突，而你又不能直接解决冲突，你或许不得不强调你作为部门负责人的地位或在指令传播环节中越级报告。

假如你的顶头上司总是直接找到你手下的员工，分派工作任务，你可直接向他表明：这样做在部门中会引起矛盾。我给了他们一项工作任务，然后你再让他们干别的，矛盾就出来了。如果你能先跟我讲，我可以为你安排。我要求本部门的员工直接听我的调遣。

一种情况：你的顶头上司一直在向你部门中的一位女职员进行性骚扰。她已向你汇报了此事。为此，你找到了这位高级经理，请他别再继续这样做，可他并未收敛。在这样的情形又发生两次以后，你将此问题以书面形式越级作了汇报。

此时，你需要遵守两条准则。

（1）只有在特殊情况下才能打破指令传播环节。在几乎所有的情况下，你都应通过你的顶头上司行事，唯一的例外是发生像性骚扰、违法行为，或偷窃公司财产这样的特殊情况。如果一个问题不能通过与问题的源头直接进行接触加以解决，你就应有一种忠诚，这种忠诚超越了你对指令传播环节的忠诚，因为它是你对部下和公司的忠诚。

（2）经常以书面形式说明情况，仅仅对一种错误行为产生怀疑是不够的。如果你打算提醒高层权力机构注意一个问题，首先你要收集事实依据，用文件的形式把它们记录下来，然后为证实你报告的情况做好准备。比方说，一份有关性骚扰的投诉必须包括受害人的书面概述。如果你的上司指示你假造材料，或在其他方面违反法律，在你正式提出投诉前，你就应该先写下详细的交谈记录。如果你知道你的上司正在进行贪污活动，请写下你的证据。不要仅仅因为怀疑或道听途说就打破指令传播环节。如果你不能证实你反映的情况，你的事业和名声就可能会受到影响。所以，你处理此类事情时必须慎之又慎。

上司发脾气不可"以刚克刚"

当上司发火时，身为下属的你应该如何对待呢？固然，上司发火，其理由不一定充分，其观点也不一定正确。但是，他有权发火，而且人的"火气"是易泄不易压的。所以，只要方式正确，你一样能灭了他的火。我们都知道，在日常生活中，灭火要用水，而不是用风，因为水主"静"、主"柔"。这就给我们一个启示，下级对待上级的发脾气就是要"以静制动""以柔克刚"。在上级发火时，要敛气凝神，避其锋芒，而不可"以刚克刚"。

所以，当下级遇到上级发火时，最好的办法就是硬起头皮来洗耳恭听，正确则心里接受，不对则事后再找机会说明。这比马上辩解要明智得多，因为这时解释只能火上浇油，让上司的火气更大。

上级生气时，理智最容易受到情绪的支配，很难冷静地分析问题和听取意见。许多人正是在"一怒之下"做出许多遗憾终生的事情。所以，你必须明白，向情绪尚处于激动状态的上级所作的任何辩白，都是徒劳的，而且会适得其反。

而且，"火"压在心中，无论对谁都是很难受的。现代医学就证明了宣泄而不是压抑对保证身心健康有重要作用。也许你用某种手段侥幸使上级压住了火气，但它迟早还会在另一处或另一时爆发，而且火气可能更旺，更不利于解决问题。所以，甘当上级的"出气筒"，不仅对上级有益，最终对自己也有利。

如果下级的确做错了事，那就要在事后向上级作深刻的检讨并表明改正错误的决心；如果上级对下级的责难是错误的，那么下级洗清冤屈也是应该的，但要注意，一定要给上级一个台阶下，而不能得理不让人，非要与上级争输赢、论长短不可。给上级一个台阶，使他有尊严感，就可以防止他为获取尊严而采取不利于你的行动。你给别人一个台阶，实际上也就使自己多了一个台阶。你不露锋芒，别人自然也不会以"锋芒"对你。

对优柔寡断的上司行事不可太匆匆

有些人生性谨慎，这样的人当了上司往往优柔寡断。他们凡事怕出乱子，胆小且缺乏当机立断的勇气。同时，他们处理问题又过于拘谨，或者说是小心翼翼；工作上平平常常，毫无创意，更缺乏冒险精神。其性格内向、不善言谈，对下属往往缺乏热情。

这种个性会错过许多好机会，无法轰轰烈烈地干一番大事业。项羽就是一个最好的典型例证。当年范增作为项羽的谋臣，为除掉刘邦设了鸿门宴。在酒席上，范增几次用眼色向项羽示意，促其快下决心杀掉刘邦。项羽却犹豫不决，还装作没看见范增的举动。范增又施一计，让项庄舞剑，想趁机杀死刘邦，也没有成功，反而是樊哙把项羽吓住了。后来，刘邦借口上厕所逃走，项羽还竟然有心情接受张良献上的礼品。结果是放虎归山，留下后患，致使项羽最后死于刘邦之手。

与优柔寡断的上司相处，最好的办法是推动上司，促使上司消除疑虑，早下决心。然而，要想推动上司采取行动，必须采用适当的方法。

有个外贸公司的职员想说服上司派员到国外出差，上司一直没有反应，且露出不高兴的脸色。听完他的解释后，上司就问道："那么，要派谁去呢？"

那位职员心想，当然非我莫属了，因为自己精通英语，且对国外的情形曾下过工夫研究，自己最能胜任。可是，他却失败了。

后来，他反省失败的原因，发觉自己因拼命突出自己，便在态度上不够沉着。如此这样，冷却了几天后，他再去说服其上司。这次，他从长期观点说明公司目前的种种问题以及国外的情况，并强调派员到国外调查实情是当务之急。

上司听后，也逐渐表示出关切之意，并向他询问某些产品，然后说："那么，派谁去好呢？""当然是您亲自出马最好。"

一星期后，派员赴国外的事就得到核准，去的人就是他和他的上司。因为他既会外语又通晓国外的情况，被视为上司的最好随行者。赴国外出差，自然大部分的工作都由他来做。因为这项工作是他提议的，不过出面的还是上司。他只要充分利用上司的力量，达到工作的目的就行了。所以，在面对此类上司之时，切忌不可行事太匆匆。

以其人之道还治其人之身

你也许正被自己的一位争强好胜的同事气得大吼大叫，但你并不觉得你们俩都有很强的好胜心会有什么不对。因为在现行的经济环境下，为了取得成功而进行的竞争是十分残酷的，何况还是同处在一条起跑线上的同事呢？

你只是觉得他太过分了，得罪了太多的人。你觉得你是一个友好的竞争者，而他是一个动不动就骂人的家伙。

眼下就有一件事，与你那位难伺候的搭档有关。上司要求你和其他同事一起起草一份专题报告，各人分工负责一部分章节，内容不能重复。等工作完成，会有一个专门委员会将各部分内容加以汇总，而你们5个人的名字都将作为投稿人在文中注明。也许，这个任务在下达时，就已经包含着有意考核能力高下的竞争成分。

但你认为你的搭档简直就不是在进行公平竞争，他当着所有人的面肆无忌惮地贬低其他同事。只要一有机会，他又会对一起工作的同事极尽奉承拍马之能事。但在你请他提供一些信息资料时，那表情就像要割下他的右臂一样难看。而在他向你们要求什么东西时，却总是胡搅蛮缠，得不到手绝不罢休。在部门会议上谈起彼此之间的争论，他总是第一个发出怪叫："我不会让你们好过的！"他争强好胜的目的，并非为了整个集体，而只是为了他自己。

竞争可分为两种，一种是健康的，另一种是不健康的。你认为你的竞争心理是健康的，而你的搭档不健康。这里，不妨请你就以下说法进行打分，一是为你自己，二是为你心目中搭档可能作出的回答。

（1）为了感受到生命的活力，我必须做具有挑战性的事。

（2）别人都知道我有强烈的进取心。

（3）在我感到十分激动时，我能立即摆脱这种情绪。

（4）我可以使别人惧怕我。

（5）我很没有耐心。

（6）成功高于一切。

（7）强压怒火是很困难的。

（8）我喜欢与人抗争。

（9）人们都认为我是一个注定要成大事的人。

（10）我有使不完的力气。

最后打分的结果表明，绝大多数的人认为自己的对手比自己的争强好胜心更强。这是为什么？也许你并不妒忌你的搭档会取得成功，但却绝不允许他以你的事业和精神健康为代价，因为你担心自己会垮掉。

那么，到底该如何看待此类人呢？

（1）竞争心强的人就是爱出风头，喜欢抛头露面的人。

（2）正当竞争与不正当竞争之间的区别在于不正当竞争者可能不择手段。

（3）"卑劣的"竞争者是危险的。

（4）如果让我与一个"卑劣的"竞争者结婚，要么就完全拜倒在他的脚下讨他的欢心，要么就和他一刀两断。

（5）如果一个"卑劣的"竞争者真的失去了控制，他就可能会伤害你。

假如你完全赞同以上看法，那就表示你把你的搭档看做是一种潜在的危险，难怪你会感到心烦意乱。他用敌意筑起了一道将你隔开的篱笆，而你将这种敌意看做是驱使他竞争的动力之一。与他交往，你已经一筹莫展了，甚至不清楚从何着手去解决问题。假如你聪明的话，你应该首先在心理上做好准备，不能事到临头却畏缩不前。

如果你不想甘拜下风，那么你必须练习一下应该采取的行动。你想象着你正面对着你那位争强好胜的搭档，并直接告诉他你实际上是怎么看待他的——把你积存在头脑中的想法全部倒出来，不管其具体内容有多么刻薄，也要像竹筒倒豆子一样，颗粒不留。

现在，如果你正在工作，而且面对面地和那位讨厌的搭档坐在办公桌边，手里正拿着你们谈论的专题报告，他冲着你说——喂，我知道你并不很忙，请你看一下这份资料，里面有一部分内容需要你修改一下，反正我已把报告写好了，你弄完后就打电话告诉我，但不要拖太久。

在这种情况下，你只需直接说出你心里的感受，不要害怕，也不要掩饰，要直截了当。面对这类问题时首先要认识并正视自己的恐惧心理。像上述例子中的那样一位搭档常常使别人远离他，因为他过于锋芒毕露了。他在自己周围画了一道清晰的小圈子，当做他实现自己野心的场所。那么，拆除这堵蕴藏着愤怒潜能的壁垒乃是第一步。

你可以这样想：要是我让像你这样的人随随便便摆布，让你那种疯狂古怪的表现、声嘶力竭的怪叫、怒气冲冲的面孔吓跑了，我还有何尊严可言？

但是，你应该想到如今这种高度紧张的工作环境为那些渴望成功、争强好胜的人提供了完美无缺的舞台。如果你胆怯害怕了，不管其原因为何，你就会成为他攻击的对象。这个人要你相信你会输掉，而且他会当你已经认输了那样去行事。这正是他盛气凌人的根源。

同时，你还可以这样想：我可能处境艰难，但我绝不是笨蛋。如果你以为我会束手就擒，让你生吞活剥，那你就完全看错人了。

对同事，你可以不低头示弱。可以利用对方名声不佳的弱点，当面采取冷嘲热讽的态度。不过，要是那争强好胜者碰巧是你的上司或老板，那就需要改变一下玩牌的思路了，因为你不但要捍卫自尊心，而且要保住职位。

说到职位是不是牢靠，你应当向上司表明你是不可或缺的人物。这一点非常重要，因为上司雄心勃勃，需要借助你的能力达到他的目标。一旦做到了这一点，你的自尊心就会进一步增强，并且认识到，你在情感上是不会任人随意摆布的，你不打算让人生被活剥掉。

对付争强好胜的人，人们自然地倾向于"以其人之道还治其人之身"，让他们尝尝自己所酿的苦酒的味道。然而，这种做法很难行得通。你应当从内心深处真正体会这些人给你带来的影响——恐惧、焦虑、愤慨；你也应该在他们面前表明，你并不害怕，绝不会屈服于恐吓威胁，当然也不会因情绪激动而贸然行事。这可说是最佳的解决之道。

如何面对"闷葫芦"

有些人天生不爱说话，不愿表露喜怒哀乐，别人对他总是会有所防备——这些人到底心里有什么鬼？其实，这些人也许只是在人群之中显得有些害羞、寡言和胆小而已，然而给周围的同事传递的却可能是一种极不友善的信息。

同事终归是同事，他们不可能像家人那样理解、迁就一个害羞寡言的人。因为人们对这类寡言少语的人无可奈何，根本不愿花费心思逗他们开口，而是选择简单的避而远之。然而，这些闷葫芦却从不注意自己的表现，依然我行我素，通常都没有意识到自己给办公场所的气氛带来的不良影响。

闷葫芦似的员工令人同情，也令人无法忍受。比如说，你最近被提升为某个部门的经理，你信心百倍地走上新岗位，因为在与你同一层次的同事中，还没有一个人升到这样的位置。结果，你常常会碰到这样的问题，你手下的一位内部业务主管工作业绩相当不错，只是总躲在办公室的角落里埋头做事，整天不说一句话，不仅从不主动向你汇报工作或只是通过递送报表来完成，而且问十句也答不了一句。既像是个闷葫芦，又像是没把你放在眼里，弄得你心烦意乱，不知该如何着手。

他准时上班，干他分内的事，并要求别人不要去烦扰他。若是他的属下有事需要帮忙，他倒总能非常耐心地教他们怎么做。问题在于，你所在的部门的办事效率正在不断下降。你意识到其中一部分原因是因为办公室里的每一位成员在他身边都有如履薄冰之感，他们顾虑重重，生怕与他有工作上的来往，从而影响了正常工作流程的顺畅和时效性。这种无形中产生的紧张气氛致使一部分工作人员无法集中精力工作。大家心里总免不了犯嘀咕，他究竟在担心什么呢？还是很讨厌与我们相处呢？也许事情的关键还不在这里，而在于他压根儿就没意识到别人对他怎么想，而且也不了解他所造成的紧张气氛有多么沉重，就像一块巨石压在每个人的心上。

你开始有些手足无措了。也许有时，你会呆立着眺望窗外的远山，试图找到一把钥匙，打开紧锁在他那神秘莫测的目光里的一切。当你意识到自己的情绪也开始冷淡起来时，你会感到害怕，赶紧在脸上堆起那种和颜悦色的笑容。你想把所有问题都摊在桌面上，但又觉得无从下手，或者认为这种做法对他根本就发生不了作用。事情发展到这个地步，你也变得害怕接近他了。

为了解决问题，此时你应该检查一下对他所持的态度。

（1）性情孤僻的人使你感到讨厌，因为他们在考虑与你有关的事情时很可能持有消极态度。

（2）你认为寡言少语的人会对别人怎么想？他们会讥笑别人，或是等着看别人的笑话，认为自己比别人要高明一些。

（3）害羞寡言的人疏远他人的原因，一是他们害怕别人；二是他们不爱与人打交道；三是他们做了见不得人的事；四是他们害怕再次受到伤害；五是他们担心说出一些不得体的话会引来别人的嘲笑。

（4）你无法想象自己会成为一个离群索居、沉默寡言的人，是因为你觉得若不与别人交流思想，就会产生被人抛弃的感觉。

（5）在你看来，相信一个沉默寡言的人是比相信一个开朗友好的人困难得多。

你或许会认为，你的那位沉默寡言的主管，他的情绪消极，他非常清楚自己没有说出口的事，从而导致你的误解，认为他总是在暗地里偷着看别人的笑话，而你根本无法去信任这样一个人。但是，你又觉得他是值得你同情的，可能在他的生活中也有自己难言的苦衷。

你无法设想自己也会成为一个沉默寡言的人，因为你觉得与人交往乃是生活有意义的必要条件。除了对你那位主管有一点同情色彩之外，你绝不可能认同他的态度。更深层的烦恼在于，你觉得要是解不开那位主管的思想疙瘩，打开他的闷葫芦，你就无法获得成为一名成功经理的自信。

此时，你不妨改善一下与之相处的方法：在办公室里和他一起坐下来，别理会他呆滞的目光和木然的神情，只是对他说你想说的话——"我知道我们相处得并不融洽，我们最好能够从头开始！"他也许会感到好笑，但你已经是位经理了，应该受得了一位属下的嘲笑。请记住，你为了当一名成功的经理，必须打开思想交流的通道，一定要设法让他开口，争取每个小小的胜利。你可以一面笑一面说："怎么样，每天早上彼此说声'早'，下班时说声'明天见！'"慢慢来，一起共事，总得有一套工作语言吧。

对于同事、经理、主管来说，与孤僻离群或寡言少语的人交流思想或共事确实是一件困难的事。绝大多数人的态度表明：担心与他们共事不知会发生什么事。离群索居的人在其内心往往也存在恐惧，害怕与别人交往。与此同时，他们的同事却对他们产生了很多不切实际的成见。

　　害羞寡言的人到底需要些什么？很多人是想用自己的方式解决诸多的问题，然而却很难有机会做出有益的事。此时，你完全可以借着召集部门全体人员会议，利用布置任务的方式，帮助你那位沉默寡言的属下向别人敞开自己的思想。

　　许多胆小怕事的人对于自己离群索居的性格的确有着某种幽默感。你让他主持几次会议，或轮流主持工作时，他那种决绝的态度就如同在说——我决不干那种事。他们根本不想去管一批人，可能更愿意坐在一群人中间做一名聆听者。循循善诱，富有想象的上司以及一个团队中理所当然的骨干，理应帮助那些胆小怕事的人跳出他们的情感或不愉悦的经历的狭小圈子。

　　这种做法往往是行得通的，只要你善于抓住机会。

　　（1）在一个团队中，大家都有共同的目标，在一起工作，相互之间迟早会建立起基本的信任。

　　（2）大家能为他人取得的进步和成就感到高兴。

　　（3）集体乃是每一位成员的坚强后盾。

　　（4）集体能产生一种自身特有的新力量，胆小的人吸取这种力量后，就能更加开朗地和别人交往。

　　你应当设身处地为此类人想一想，在他们的头脑中，你似乎可以听到这样的声音——我与这些习惯于抛头露面的人不一样，我有什么错？我也想同他们一样聊天、逗乐、大笑、讲自己想讲的话。我也恨自己怎么成了这个样子，为什么没人能理解这一点呢？

　　此时，你可以做个换位思考。

　　如果我是一个害羞的人，最好有人能钻进我的肚皮，帮助我，但不要惊吓我。即使你是一位雄心勃勃的人，恐怕也会对我产生一点恻隐之心吧。

　　也许是你过于沉浸在自己的业绩里，才会把那位属于看成是一个不近人情的人，而忘记了把他当成一位需要帮助的同事来看待。

利用集体的环境帮助那些沉默寡言的人冲出与世隔绝的状态，鼓励那些离群索居的同事参加一些社交性团体。要是你与一个不善与人共事的人保持着相互信任的关系，那么你就可以主动帮助这个人操练一下如何处事为人，使之更有冲劲。

这就需要你先要让他们承认自己存在着某些问题。如果你是他的朋友，就可以巧妙地提出你愿意帮助他。如果他只是你的同事，你可以在探讨一般工作时把这个问题提出来，并一定要有信任感。如果你真诚地喜欢那个人的话，这种方法一定会有所帮助的。

与小人相处要有智慧

在职场中，小人同事是最讨厌的，他总是不停地在你的周围撒下矛盾的种子，或向上司、向同事散布你的谣言。与小人同事交往，是迫不得已的，也是必不可少的。毕竟同在一处，冷落了别人也不能冷落小人，因为此类人最难防。在办公室中应对小人，既要考虑到以后还要继续相处，不能太过分，又要达到某种警示的效果。

你要学会避其锋芒，在小问题上不要与小人较劲；据理力争，在原则问题上则不能退让。当他眉飞色舞夸夸其谈时，不要打断他的谈话；当他故作神秘状探听你对上司的看法时，要假装糊涂；当谈论同事隐私时，要装作没有听见；当他咄咄逼人时，不必害怕，勇敢地反驳；当他造谣中伤时，要当面揭穿。

你要知道大凡小人，见利忘义者居多，而且很多小人因为舍得"投资"，他们的关系网还是比较广的。利用这样一个特点，就可以在自己困难的时候，以利诱之，解决自己的困难，以小利换大利。

与小人交往时，对于自己的隐私千万不可泄露出去。你要做的就是确保不要犯什么错误，在原则问题上始终保持清醒的头脑。与小人交往，首先要考虑做事的后果，多向其他人请教，不能一意孤行。

在你犯了错误之后，你必须尽快弄清是什么错误，能够引起什么样的后果。对于触犯刑律的，不要心存侥幸心理。你的这种心理会成为小人找到利用你的机会。因为"世上没有不透风的墙"，一旦事情败露，你不仅会为你原来的事情承担责任，而且会为由于小人的利用而所作的行为承担责任。

当你与小人接触时间长了，就会在不经意间抓住小人的辫子或者把柄，但切不可声张，更不要将辫子还给对方。也许小人会倒打一耙，来个卸磨杀驴，斩草除根。

在办公室中有些人总是喜欢在上司面前打小报告。面对打小报告者，也要根据具体情况采取具体对策。对于那些理智的上司来讲，他们根本不在乎小报告的真实与否，因为眼见为实。所以，对于这种小报告完全可以不理不睬，采用豁达的态度对待，流言就会自然消亡，而打小报告者也会幡然醒悟，发现你的真诚和宽宏大量。这样兵不血刃就取得了较好的效果，可能还会争取到一个新朋友。

小左工作非常出色，瑞很不服气，便多次向上司打小左的小报告，贬低小左的工作。小左对此虽然有所耳闻，但从不作声。某日，瑞正与上司讲小左的坏话，正好被小左碰见了。这下可让瑞无地自容，只好红着脸听任小左的发落。出乎意料的是，小左一点也没有在意，就像眼前的事情和他毫不相干，表现出极大的克制和宽容。瑞终于醒悟，感觉以前不止一次地对小左那样实在是不应该……

假如你想要使小人醒悟，你首先要使其明白自己是知道打小报告这件事情的，他才能够知道你的大度。而打小报告者之所以屡次陷害，不仅仅是其心理需要，他们赖以生存的土壤就是自己的隐蔽。一旦隐蔽的身份被揭穿或察觉到对方对自己的警觉，他们一般就会有所收敛。

向上司打小报告对于被报告者来讲没有任何好处，在气愤之余也要检查一下自己，从中吸取教训。对待小报告，应采取"有则改之，无则加勉"的态度。

某校教务处推举王老师到学校科研室工作不久，A君就到校长处放风说王老师阅历浅、底子薄、素质低，不能胜任这个工作，挑不起这个大梁，还不如让某某去等。谁知道，A君的话不知怎么传到王老师的耳朵里。但值得庆幸的是，这意外的小报告对王老师并没有形成任何打击。他丝毫没有被陷害所困扰。相反，他倒是从小报告里看到了不足，看到了自己努力的方向。几年之后，这所学校的科研工作每年都有新的成果出现，他承担的几个"九五"研究课题也都有了新的进展。

俗话说："苍蝇不叮无缝的蛋。"作为被流言选中的对象，你必须弄明白自己是否妨碍了对方的利益，自己在人际关系处理方面是否存在某种缺陷，或是否是自己的性格造成的影响等。

从几个方面找到原因之后，就可以坦率地找对方谈一谈，促其觉醒，同时还可表示自己在这个问题上的高姿态。这样一来，流言就会消失。

黄某虽是须眉男人却心胸狭窄，容己不容人。小明并不想得罪他，可既然同在一个办公室，工作中难免磕磕碰碰。虽然小明是一个非常善于忍耐的人，可黄某依然得寸进尺，让小明十分反感。

小明在研究了心胸狭窄的人的弱点之后，决定采取以退为进的绵里藏针的策略，不再一味忍让，而是退让中含有反击。也就是将退让透明化，让自己的同事都知道自己是为了顾全大局在忍耐，而并不是惧怕黄某，以求得公众的理解与支持，用自己的宽容反衬出黄某行事的不端。这种以退为进的策略果然有效，同事和上司都对他作出的高姿态表示赞赏和支持。有道是众怒难犯。黄某为了自己在众人面前的形象也不得不有所收敛，并作出友好的表示。小明的第二步是小事继续容忍，让黄某有一种平衡的感觉，而在大事上则坚决反击，让黄某领教了绵里藏针的厉害，凡事不敢做得太出格。

两个人虽然不可能很亲近，可倒也能够相安无事，和平共处。

小人在办公室中的人际关系一般情况下都不会太好，同样是同事，物以类聚，既然与你的关系不好，与其他人的关系也不会很好。小人一般与上级的关系比较好，但上级一般不会插手同事之间的事。在实施这种策略时，首先要分析办公室中的人际关系，防止自己受到暗算。虽然同事可能偏向于你，但真正在关键时刻出手的并不多。

在对小人进行反击时，你应该注意时间和地点以及影响范围，使用的方法最好不要影响工作。影响工作后肯定会有上司出面，无论怎样这都不是什么好事。在迫不得已的情况下的反抗，应该向上司解释清楚，由上司进行调解，避免小人背后告状，被领导怪罪到自己头上。总的来说，对付小人时，你一定要处处小心，不可太过于大意，从而使自己吃亏。

受到欺负怎么办

身在职场之中，因为某种利益之争而被人忌妒、被人怨恨，以致遭人暗算，甚至明火执仗，直接欺辱到你的头上来的事情有时是不可避免的。谁也不敢保证自己永远一帆风顺，永远不受欺辱。没准儿哪一天，让你承受许多不白之冤。处在这样的境地中，仗义执言是行不通的，因为对方只讲强盗逻辑，不讲社会公理；舍生取义是不值得的，因为在对方那里早已无义可取。那么，一旦落到这样的境地，你该怎样寻找一些行之有效的办法替自己解开被辱之围呢？

1. 给对方敲敲警钟

在这种情况之下，你要让对方意识到可能会出现的后果，包括法律的严重后果、社会舆论的后果和彼此人身的后果。也许对方是因不懂法律而胡来，一旦意识到自己的行为可能会给自己带来相应的灾难，那么，只要他还略有些理智，就可能有所收敛而就此罢手。

2. 唤醒对方良知

无论是谁，都有起码的良知，只要他的人性还没彻底泯灭。对方作出了愚蠢的行为，可能是一时糊涂，鬼迷心窍。一旦从人性的角度唤醒对方的觉悟，也能达到为自己辩白的目的。

3. 暂且退让

适当答应对方一些不合理的小要求，以保住人格、控制把柄以日后能脱身为限。主要目的是不使自己受到更大的损害，以便保存实力，待机反击。

4. 找上司摆平

如果两者在同一单位，可找本单位上司出面摆平。若本单位上司姑息迁就，就逐级上告，直到问题彻底解决为止。

5. 找朋友摆平

患难见真情。当自己受人欺辱后，可找朋友诉说苦楚，让朋友帮助想办法、出主意，甚至直接出面与对方交涉，让对方赔礼道歉和赔偿损失。

6. 以牙还牙

如果对方很狡猾，使你既吃了亏、上了当、受了害，又拿不出证据，如哑巴吃黄连，有苦说不出，对此种情况该怎么办呢？最好的办法是伺机而动，巧设圈套，请君入瓮，以牙还牙，让对方得到相应的惩罚。

有时候对女性抱有某种偏见的传统观念仍未消除，职场的女士更要学会向别人说"不"。在某一杂志上，曾刊登过这样一篇文章：虽然女性已经在工作中取得了很多成功，但不少男人的大男子主义远没有灭亡。特别是当女人的能力强过男人，甚至成为上司时，他们总想以某种方式取得心理优势，而常用的方法就是以"开玩笑"的方式来伤及女性自尊心。曾经有一位美国女性向法院起诉自己任职的公司，因为她无法忍受这种歧视女性的工作环境。

在这种时候，女人必须学会回击。可以对他说："如果你下次再说打击女性的'玩笑'，你将被口头警告。"总之，让他知道他得为自己的话付出代价。下一步，就是找机会和他单独谈话，让他给你说几个他最喜欢的"玩笑"。然后，可以很严厉地向他指出这几个问题。

（1）奚落人是不是他的看家本事？许多男人就是在以贬损别人为乐的环境中成长起来的。告诉他，办公室不是中学生耍嘴皮子的地方。作为他的主管，你评价一个人不是看他奚落同事的本事，而是看他尊重同事的品德。

（2）问问他，他是不是在什么人面前都说这种话？在自己的妻子、母亲、姐妹面前如果这么说，她们会有什么感受？请他找个时间和她们好好谈谈这个话题。

（3）他是否愿意用这种口气开开他自己的玩笑？

（4）最后告诉他，如果他不能改变自己的行为，不能学会尊重他人，他将永远没有多大出息。

遇到孤芳自赏者怎么办

有些人孤芳自赏，很迷恋他们自己所做的一切。遇到这样的人，你愈是软弱和忍让，他们就愈会得寸进尺，更加苛求。他们需要别人的喝彩和吹捧，而且胃口越来越大。等到要对付他们时，你就会感到无可奈何了，白白浪费了时间和精力。

无论你需要对付哪种类型的孤芳自赏者，你都得弄清楚自己对他们的态度。接下来，就是根据他们的长处促使他们的行为更具建设性。如果那位孤芳自赏者在为你工作，要做到这一点并不难。

只要孤芳自赏者的自负并没完全迷住自己的眼睛，他们还是可以干出许多有益的事情的。孤芳自赏者以自我为中心，只有在谨小慎微者不敢逾越的地方才会有他们活动的空间。

这类人在战场上可能是无所畏惧的，因为他们认为自己是不可战胜的。在运动场上，他们也会碰碰自己的运气而跃跃欲试，因为他们对胜利充满了自信。而在办公室里，他们潜在的天赋一旦找到了用武之地，就可以干出了不起的事业。他们的表现同样会受到人们的关注和羡慕。然而，这不再是因为他们显示出来的自私，而是因为他们作出了实实在在的业绩。

"怎么，你竟然没有看到我？你可知道你错失了什么？"那些自命不凡的人都会这样想、这样说。他们乃是上帝恩赐给这个世界的天才演员、运动员、下属或同事。

假如你是某个部门的主管，在你属下中有一位自命不凡、孤芳自赏的家伙，他在办公室几乎受到每一位成员的骄纵，现在更成了办公室这个大家庭里被宠坏的顽童。你开始后悔当初在起用他时没有了解得更清楚些，同时你也不得不承认，像他这样的人的确有一种魅力，他成了人人都感到亲切和喜爱的人。不过，他的工作做得还可以，只要他愿意，学起来也很快。最糟糕的是，他与你的上司中的好几个人交上了朋友！你弄不清他到底会跟他们说些什么？整个部门就像按照他的规则进行的一场游戏，想要改变他是很不容易的事，尤其是大家都已经习惯于顺从他的意志行事。但你不想让他毁了你这个在公司里一向以管理规范、作风严谨而著称的部门，也不想让他毁了你自己的名誉。

因为他的言行举止对大家的影响已经在办公室里不知不觉地扩散开来，甚至开始影响到日常的工作程序。他已从一个讨人喜欢、为人友善的同事，变成一个被宠坏的顽童，大量占用别人的工作时间，也分散了大家的注意力。

孤芳自赏的人用他那讨人喜欢的性格使你的思想解除了防范，尤其在枯燥乏味的办公室里，这一点更容易生效。对此，你曾在某种程度上采取了认同的态度，以至于现在泛滥开来，难以收拾。其实，回过头来看看我们自己，我们也能在自己身上发现一点孤芳自赏、自命不凡的影子，只是我们不敢承认这点而已。

　　尽管在你的办公室里，绝大多数同事也已经看透了他，但要改变目前的状态，他们会不会出力就很难说了。如果试图去破坏他的迷人魅力或强迫别人也如此去做，那样的风险会更大。要知道，他只是一个更大的问题的一部分。你应当首先学会清除自己身上存留的那种对他的微妙认同感。如果你能这样做，你的同事和下属也有权依样画葫芦。所以，从现在开始，你对待自己必须绝对诚实。你不应当故意去讨厌他，冲他发脾气，冷落他，而是要弄清楚为什么他对你会有吸引力。然后，再调整自己的心态，其余的事就会好办多了。

　　那么，孤芳自赏者到底用什么来迷惑众人的眼睛呢？

　　（1）取得显而易见的成功对我来说是非常重要的。

　　（2）人们把我看成理所当然的上司。

　　（3）孤独是我所无法容忍的。

　　（4）我的父母一直宠爱着我。

　　（5）我宁愿去参加一次并不重要的社交活动，也不愿意待在家里看一部精彩的电视节目。

　　（6）我拜访的朋友比大多数人要多。

　　（7）我喜欢在聪明而有迷人魅力的人中间周旋。

　　（8）我喜欢得到别人的关心。

　　（9）我从不敢想象自己会意外受伤。

　　（10）我很少单独到什么地方去。

　　很显然，无论是谁都能接受以上看法。也就是说，在一般情况下，大家都很容易受到孤芳自赏者的蛊惑。在服务性行业和面向公众的行业里工作，不少人都会有着同样的倾向。谁都喜欢交际，对别人产生影响，并不介意成为人们注意的中心。这虽然不会使你成为真正意义上的自命不凡者，但却会使你的感情变得更加脆弱。因此，你应当时刻提醒自己切莫走过头。有这样一句话，不知你听说过没有——推销员是最容易被人推销出去的。

也许你觉得当面顶撞他，对他发脾气，或者强迫他辞职等都不是好办法，而且目前还没有任何正当的理由采取任何一种做法。你已经明白，错不完全在他，是你和办公室的同事们不自觉地助长了他孤芳自赏的情绪，使他受到那么多人的注意，甚至还受到来自上司的重视。火就是这样不断燃烧的——他有其需要，而你也不断地给予。现在，你应该清楚地认识到，从你自己开始，不能再供给他充足的燃料了。

釜底抽薪也许太过突然，还不能马上将其拒之门外。尤其在你的公司绝对不能这么干，否则人家会认为你嫉贤妒能。不妨试试能否给予某种可以代替的东西。给他铺几层台阶，使他意识到，你们是真心想帮助他发挥长处，这对你的部门将更加实惠和重要。你可以试着透过他魅力的光环，找出他身上的长处——他精力充沛；他能把许多人吸引到自己身边；还有就是他学东西很快；此外他还善于主持一个集体会议。

了解这些以后，你需要做的就是设法找出一些具有积极意义的事，再借助他的长处去完成。

（1）如果他能充分积极地使用自己的精力，他就会成为部门中工作效率最高的人。

（2）如果他能发动别人从事一些建设性的活动，他就可以成为培训人才的带头人。

（3）如果他能很快切入业务，他将有助于我们开发更多的新产品。

（4）如果他在经理会议上介绍我们的成果，他就会使我们和他一样获得人们的好感。

（5）如果他能做到上面的一切，他也就不会再成为问题了。

你必须做的是规划一些实实在在的事和任务，把他的热情纳入事先筑好的渠道，就不必担心他会泛滥成灾了。别再向他提起过去的历史，让一些自然而然的事逐渐改变你和同事们对他的看法和态度。

就孤芳自赏者而言，不管你的警觉性有多高，他们仍能逾越你的心理防线。他们中有些人是很聪明的，颇有迷惑性和诱惑力。你完全可以这样理解：对他是不是过于喜爱了，为什么？一定得再看一看。

如何面对多重上司

很多时候，上司之间的关系都极为微妙，或者变幻莫测。上司与上司之间甚至情若冰炭，势同水火，而如果你又同时与两位上司共事，你就不能不考虑"脚踏两只船"的问题。如果你不这样做，而是相反，一旦有什么闪失，那么其中任何一位都足以把你摆平，或者用小鞋把你"搞定"。

而且，你"脚踏两只船"还要踏得巧、踏得妙，否则极易翻船。你不能一开始就表明——你们两个之间的事我哪边都不卷入，哪个我都不想得罪这样的态度。明智的办法应该是，要尽量协调他们之间的矛盾，至少不要在他们中间煽风点火，扩大事态。而且要经常和他们谈谈心，表示自己很为难，受尽了"夹板气"。

如果甲上司叫你做某事，你明知乙上司会反对，就应主动跟乙上司谈，这是谁要我照他的意思做的，你看怎么办，或妥不妥。

在这种情况下，乙上司就很容易理解你的苦衷。即使你照甲上司的意思去做了，他也往往不会因此为难你。他会觉得，你这样的下属也很不容易。或者是这样一种情况，就是乙上司坚决不同意甲上司的意见和做法，他会直接找甲上司去交涉。或者乙上司不找甲上司交涉，而是把这个难题推给你。那么，你也应立即与甲上司沟通意见，说明乙上司的态度，并向甲上司请示该怎么办。

　　你只有巧妙一点，才不至于成为双方权力斗争或政治斗争的牺牲品，才有可能左右逢源，为自己铺起一条金光大道。而在现实中，有的人却不会这么做，一开始就认为自己是属于某一方，或甲或乙，然后跟定一个上司，他叫做什么就做什么，甚至弄些小人的伎俩，故弄玄虚，加剧两个上司之间的矛盾，以"邀功请赏"。既然你"生"是某方的人，那么，你"死"也是某方的鬼了。一旦你的"主子"有事，你这个做"奴才"的也得立即完蛋。或者你所跟定的上司一旦调往其他地方或单位，你也是第一个被铲除的对象，而且没有人会同情你。这样的结局真是你想要的吗？

第七章　职场求人的规则

张开人际关系的网

所谓人际关系，是指人与人之间的关系。具体指是人与人交往过程中所产生的各种社会关系的总和。在不同的环境下，在不同的发展阶段，人与人之间会形成不同的人际关系，或者叫人际网络。这些人际关系大体上可以分为 3 类。

（1）以"感情"为基础的各类人际关系。这种人际关系是以人的感情为基础的，它包括亲情、友情和爱情等。

（2）以"利害关系"为基础的人际关系。这种人际关系是因人与人之间的某种利害关系而形成的。如同事、同学、上下级、买卖合同形成的关系等。

（3）陌路关系。是指因为偶然原因相互之间发生的一定的交往关系，一般是指萍水相逢关系。如问路、乘车时与某人暂时形成的人际关系。

茫茫职场每个人都是沧海一粟，要想获得别人的重视、要想出人头地并不是容易的事情。那么，如何去实现自己经济发达、事业有成、人生价值扶摇而上的夙愿呢？这就要借用某种媒介去赢得他人器重，就是要通过认真的分析，发现自己可以利用那些能够引人注目的强项和优势，把自己推销出去，让能够帮助你发展的人们给予你重视，进而赏识你、器重你，辅佐你顺利发展，实现夙愿，这就是人际关系的妙用。那么，如何发展自己的人际关系呢？这就要最大限度地利用可利用的资源。

玛丽大学毕业后，到一家旅行社工作。在这里她是那么普通，以至于没有引起上司的注意。然而，这个玛丽可是一个有着较高文化修养和较强公关能力的好苗子，她不仅有出色的工作能力，而且还有很深的文字功底，曾在多家社科报刊上发表过旅游公关题材的文章，对旅游公关和经营有独到的见解。为了开掘利用"人脉资源"，把自己推销出去，进而达到在事业上很好地发展自己的目的，玛丽便寻机去向总经理汇报自己对开发旅游资源、做好旅游公关的设想，并送上载有自己文章的刊物。如何寻机呢？这可难坏了玛丽。最后在一次不经意的同学聚会间，谈及此事，同学的亲戚认识玛丽的上司的老婆。由此，玛丽的文章及个人都被推荐到了总经理那里。

虽然在很多人眼中，这个弯子绕得有点儿大了，但玛丽利用一切可以利用的资源的做法还是收益颇丰的。总经理浏览了刊物的文章后说："你的文章很有见地，这些问题我还没想过呢。你经常在媒体上发表文章吗？"玛丽答："总经理别见笑，我虽已发了近百篇文章，但这只是雕虫小技。"数月后，玛丽被调到公关部，让她从事旅游公关工作。一年中，玛丽实施了多例公关策划，使自己的才能得以充分发挥，公司效益大幅上扬，由此，她更加赢得了总经理的器重，被委任为公关部经理。玛丽通过同学关系、亲戚关系等最大限度地挖掘自己的人脉资源，赢得了上司的器重，实现了自己凸显和发挥才能、发展事业的愿望。这是每个职场人士都必须发扬的好的做法，也是积极面对人生的一种态度。

职场中还有很多途径可以帮你铺开人际网络，只要你去用心地思考和挖掘。比如，赢得强者的体恤就未尝不是一种很好的人际交往策略，记住这与求得可怜迥然不同。在生活中，优势者对劣势者、强者对弱者的体恤，是一种遵循世道人心法则的智行善举，它往往会在人群中产生向心效应，提升自己的尊者风范、亲者风度，其"人脉资源"就会有效地被你发掘利用。这也是铺开自己人际网络和提高自己人际网络质量的重要途径。

再比如，乐善好施的做法也往往给你带来意想不到的"人际收获"。俗话说："善有善报。"中华民族自古至今一直传承着感恩相报的传统交际心理和情结，"滴水之恩当涌泉相报"被世人奉为道德行为准则。所以，以这种传统的交际理念去开掘利用"人脉资源"，仍然有着强大的惯性作用，同样会使你的人生出彩。乐善好施，也许有时并不能及时得到回报，但广泛而长期地助人，有朝一日总会遇到贤人并以恩报恩，你的"人脉资源"也会由此而如意地被开掘利用。因此，"助人而人助"这句话在人际交往中，在你开掘利用"人脉资源"去发展和壮大自己事业的过程中，定会得到有力的印证。因此，人际关系的建立不能操之过急，是需要先付出才能得到相应的回报的。

"攀爬关系"有方法

在职场中要建立属于自己的人际圈子，最重要的就是主动去攀关系，而攀关系最有效的方法就是先做一个追随者。当你逐渐被每一个自己追随的人接纳时，你的人际网络也就逐一地建立起来了。

初入社会的你首先要与同事攀好关系，包括与自己的直接上司、与部门里最受尊重的同事、与团队里资格最老的前辈。特别是那些业务精良，自己以后开展工作需要求助的对象，哪怕是与自己一样新进的员工也不例外。因此，锻炼自己"攀爬关系"的才能就先从与上述各类人之间的关系开始吧。

1. 正确、得体地称呼每一位同事。

正确得体地称呼同事，往往能够融洽和增进同事之间的亲密关系。每个人都有一种特殊的情结，就是喜欢别人呼唤自己时的声音与神情。切记不要放弃每天在办公室称呼每位同事的机会，甚至不妨有意制造一些称呼同事名字的机会。不管你信不信，这样做可以使你变得更亲切。

2. 做个快乐的人并将快乐传递给每一位同事。

全世界的任何场所都需要快乐，任何集体都欢迎快乐的人。虽然工作是严肃的，但没有人规定工作中一定不能有乐趣，反而同事相处有一个自己喜欢的环境，会工作得更卖力、更持久、更有高效率。所以，不妨试着让同事在工作的疲累中花点时间取乐一下，既可作为休息，又可增进同事间的友情。衡量自己能否与同事融洽相处的标准之一，就是看自己能不能与之一起玩乐、一起享受和分享快乐。不妨一试哦！

3. 做个有心人，必要的时候以感动拉近彼此距离。

每个人都有自己在意的日子或者事情，比如生日、结婚纪念日。在这些时候，送上自己最真的祝福，往往能使对方感动不已，从而拉近你们之间的距离。记住，在同事特别的时日，别忘了送一份特别的礼物。这种礼物不一定要多贵重，但一定要特别，特别到对方终生难忘。

4. 真诚地帮助同事，其实就是在帮助自己。

正所谓"得道多助，失道寡助"，就是这个道理。真心地爱同事、帮助同事，实际就是在帮助自己。有的人，在同事间的所有抱怨声中都有他。他从不把办公室的中心价值、同事们的口号和约定放在心上，他总是一切以自己为重，有时自私到不惜为煮熟一颗自己的鸡蛋而烧掉别人的一栋房子。这就是老百姓常说的害群之马。因此，我们要养成爱同事的习性，爱同事其实就等于爱自己。因为在竞争日趋激烈的当今社会，人们更注重团队的协作，而你作为团队的一分子，不仅一天中要有比和家人在一起更长的时间与同事在一起，你的成就大小、快乐多少都与同事有密不可分的关系。并且，同事间早已生成一种存亡与共的亲密关系，任何一个人都可能影响到你，你也可能影响到任何一个人。所以，不要做那个害群之马，要做关爱同事的知心人。

5. 不吝啬自己对同事的崇拜，并坚持用语言和行动表达。

每个同事身上都有值得自己学习的东西，都取得过令自己羡慕的成绩。这时候，可以将自己的羡慕之情溢于言表。虽然人们一向看重了不起的成就，但是，不要忘了每天频繁地发生在身边的一些小事，比如同事专业考试得了好成绩，比如同事一通电话后讲定了一单新合同，比如同事想出一个简单的方法解决了困扰大家许久的问题，你不能仅仅是心存赞赏，你的赞美与赞赏要让他人知道。这种让他人知道的方法有许多。亲口将你的赞美说出来，再送他一样小东西做奖品，这份奖赏无须刻意去找。它可以是一杯热茶，一枚水果，也可以是一叠从办公桌上顺手拿起的公司便笺。总之，不要忽视取得"小成绩"的同事，要将自己的赞美恰当地送给每一位同事。

"礼" 多人不怪

送礼，是一门学问。送礼的功夫是否到家，能否做到既不显山露水，又能打动人心，这是求人能否成功的关键。从客观上讲，送礼受时间、环境、风俗习惯的制约；从主观上讲，送礼因对象、因目的而不同。一般来讲，送礼的目的都是很明确的，无非是有求于人和联络感情，后者的实质目的也是将来有事互相照应罢了。因此，我们要掌握的就是送礼这门艺术的各种技巧。

1. 送礼要因人而异

送礼最忌讳的就是千篇一律，不能投其所好。送礼时，要针对不同性格、不同地位和品位的人，所送礼品也各不相同。一个事业心很强的人，在生日或喜庆之日，若能送些含有"大展宏图""马到成功"之意的礼品，他定会心满意足；给一个艺术气息很浓的人，送一些大俗的东西，一定会引起别人的厌恶；送礼对象是一个商人，就一定要送些"财源广进""生意兴隆"之类的礼品。只有投其所好，才能一举打开局面，否则还不如不送。

2. 认清送礼的时节

一般送礼都是要有些噱头的，而节日和一些特别的日子无疑就成为不用费心费力寻找的"噱头"。如"每逢佳节倍思亲"，自然会让人想到与亲人团聚，这时不妨送上一些吉祥、团聚之物；"六一"儿童节，大人就会考虑给小孩送些玩具、学习文具之类的礼品。因此，在不同的时间，赠送不同的礼品，将表达不同的感情。千万不能送不合时宜的礼物，这样会使对方觉得你的诚意不够，有糊弄了事的嫌疑。

3. 送礼的环境要分清楚

每次送礼都是有一定环境和场景的。比如，"兰舟催发，执手相看泪眼"是情人离别的意境，如送上饰品之类则更能表达情人间的绵绵真情。火车的一声长鸣，四年同窗，今朝各奔天涯，给亲爱的学友留下一本纪念册或精美电话簿，自是情深意长。不同的环境是需要不同方式和不同礼物来表达心意的。

4. 送礼时要遵守约定俗成的定律

在中国与外国，在民族与民族之间，都有很多不同的风俗。因此，要切记"十里不同风，百里不同俗"这句话，送礼物时要做足功课再出手。在中国，汉族人有些地方春节喜欢送猪肉类食物，这在回族或信仰伊斯兰教的国度里则是诬蔑祖宗的象征。所以，千万不要在风俗上伤了对方的心，否则是很难挽回的。

5. 注意交接礼物时的方式方法

礼物最好当面送。当面送礼时，应双手奉上礼品。西方人接受礼物的习惯是当面打开包装，欣赏一下礼品。有时，送礼的人还可对礼品做一些介绍性的说明。

6. 礼物"分量"要适中

我国自古就有"千里送鹅毛、礼轻情意重"的典故。礼品要轻重得当，讲究适度原则。一般来讲，礼品太轻意义不大，很容易让人误解为瞧不起他。尤其是对关系不算亲密的人，更是如此。而且如果礼太轻而想求别人办的事难度较大，成功的可能几乎为零。但是，礼品太贵重，又会使接受礼品的人有受贿之嫌，特别是对上级、同事更应注意。除了某些爱占小便宜又胆子特大的人之外，一般人就很可能婉言谢绝。即使收下，也会付钱，要不就会在日后必定设法还礼，这样做岂不是强迫人家消费吗？如果对方拒收，你钱已花出，留着无用，便会生出许多烦恼，就像人们常说的"花钱找罪受"，何苦呢？因此，以对方能够愉快接受为尺度，选择轻重适当的礼品，既能联络感情，又使对方欣然接受，而且还能保证办成所求之事。

7. 态度一定要友善，言辞要得体

送礼能否达到预期效果，态度、语言和行动也是十分重要的。平和友善、落落大方的动作并伴有礼节性的语言表达，正是受礼方乐于接受的。那种像做贼似的，悄悄将礼品置于桌下或房间某个角落的做法，不仅达不到馈赠的目的，甚至会适得其反。在对所赠送的礼品进行介绍时，应该强调的是自己对受赠方所怀有的好感与情义，而不是强调礼物的实际价值。否则，就会让对方觉得有重利轻信之嫌，进而影响办事效果。

总之，送礼是一门学问，值得我们每个人好好研究。

赞美的力量

赞美的力量是巨大的，赞美的力量是顽强的。得到他人的赞美会使你自信满满，给予他人赞美会使你更加快乐。赞美往往能够拉近你与对方的距离，自然也就会使你的求人之旅变得更加平坦。赞美的力量如此神奇，主要是因为对方的自尊心得到了满足。戴尔·卡耐基认为，正常人有健康和生命的保护、食物、睡眠、性生活的满足、子女们的安全、自重感等基本需要，而既深切又难以满足的是自重感，这是一种痛苦的，而且亟待解决的人类"饥饿"。如果谁能诚挚地满足这种内心饥饿，谁就可以将人们掌握在他的手掌之中。林肯也说过："人人都喜欢受人恭维。"

"人类本质里最深远的驱策力，就是希望具有重要性。"美国哲学家约翰·杜威说。想想吧，你的老板多久没有赞美你了？你又有多久没有赞美你身边的同事、朋友或家人了？

从前，一个村庄里有两个猎人。有一天，两人分别打到两只兔子回家。猎人甲的妻子冷漠地说："你一天只打到两只小野兔吗？真没用！"甲猎人不太高兴，心里埋怨起来，你以为这两只兔子很容易打到吗？第二天，他故意空手而回，让妻子知道打猎是一件不容易的事情。猎人乙的情况则不同，他的妻子看到他带回了两只兔子，顿时欢天喜地："你一天打了两只野兔吗？真了不起！"乙猎人听了满心喜悦，心想两只算什么。结果，第二天他打了 4 只野兔回来。两句不同的话，产生了完全相反的结果。可见赞美是能够给予人力量的。

一位美国青年去长岛看望亲戚。有一天，他与爱人的姑妈在家中闲谈。青年人热忱地赞美老姑妈家的老房子，问："这栋房子是

1890 年建造的吗?"老姑妈回答:"正是那年建造的。"青年说:"这使我想起,我出生的那栋房子——非常美丽,建筑也好。现在的人都不讲究这些了。"青年人的话使老姑妈十分高兴,她怀着回忆的心情说:"这是一栋理想的房子,我们梦想了多少年,没有请建筑师,完全是我和我丈夫自己设计的。"高兴之余,她带着青年去各个房间参观。青年人对她珍藏的法国式床椅、英国茶具、意大利名画和一幅曾经挂在法国封建时代宫堡里的丝质帷幔大加赞美,使得老姑妈笑逐颜开。她执意要把她的一辆崭新的派凯特牌汽车送给青年人。青年人不肯接受老人的汽车。老姑妈坚持说:"这部车子是我丈夫去世前不久买的,自从他去世后,我一直没有坐过。你欣赏美丽的东西,我愿意送给你。"年轻人瞠目结舌,他没有想到自己的赞美会使姑妈这样有感触,更没想到的是"赞美也能出效益"。

当你去求人做事时,一定要运用好赞美的武器,因为它可以使你与对方进行有效的沟通和缩短彼此的距离。美国"钢铁大王"卡耐基,在 1921 年付出一百万美元的超高年薪聘请一位执行长夏布。许多记者访问卡耐基时问:"为什么是他?"卡耐基说:"因为他最会赞美别人,这也是他最值钱的本事。"因为人总是喜欢被赞美的,无论是 6 岁的孩子还是古稀的老人都一样。赞美是欣赏和感谢,它给人的喜悦是无法比拟的。一张冷漠的面孔和一张缺乏热情的嘴是很令人失望的。因此,赞美也是一种难得的竞争力,具有这种能力的人也就具备了特殊的竞争力。

那么,怎样去赞美别人呢?这个尺度又该如何把握?

1. 赞美要针对一件事,而不是人

当你要赞美一个厨师时,你要告诉他:你一星期有一半的时间会到他的餐厅吃饭,这就是非常高明的恭维。美国著名小说家柯恩是铁匠的儿子,他没有受过良好的教育。可他在去世时,却是世界上最富有的文人。他喜欢诗词,读遍了罗赛迪的诗,还写了一篇演讲稿,歌颂罗赛迪学术上的成就,并且送了一份给罗赛迪。罗赛迪很高兴，认为一个年轻人对他的才学有这样高超的见解，一定很聪明，就请这个铁匠的儿子来伦敦当他的私人秘书。柯恩的一生由这份赞美而彻底改变，并最终取得了举世瞩目的成就。

2. 赞美不是阿谀奉承

赞美不是恭维和感激的话，也不是阿谀奉承。如果你的赞美毫无根据，只是说"你真是太好啦"或者"我对你的佩服如滔滔江水连绵不绝"之类的话，恐怕没有什么人会认为你真的是对他们充满善意吧！所以，一定要把握好赞美的度和出发点。

3. 赞美的前提和基础是一定要真诚

赞美绝不是虚伪，一定要真诚。如果硬是把一个人的缺点或者不足拿出来大赞特赞，怎么会引起别人的好感？

4. 有求于人，赞美先行

赞美往往是求人或者打开局面的先行者，一定要加以利用。柯达公司的伊斯曼发明了透明胶片后，电影的摄制获得了真正的成功。同时，也使他本人成为巨富。但他和普通人一样仍然渴求着别人的赞赏。伊斯曼建造伊斯曼音乐学院和凯本剧场纪念他的母亲。纽约优美座椅公司经理爱达森希望能承包该剧场的座椅工程。但是，伊斯曼极忙，非常严肃，脾气又大。如果你占用了他 5 分钟以上的时间，你就别打算做成这笔生意了。当爱达森被引进伊斯曼的办公室，他正忙于工作，抬起头摘下眼镜问来人有何见教？爱达森说："伊斯曼先生，我很羡慕你的办公室。如果我有这样一间办公室，我一定很高兴在里面工作。我是从事室内木制品经营的，我从来没有见过这么漂亮的办公室。"伊斯曼高兴地说："谢谢你提醒了我已经差点忘了的事，这间办公室我确实非常喜欢。可现在工作忙，没把太多精力放在这上面。"接着，他兴致勃勃地向爱达森介绍起办公室的英国橡木壁板、自己设计的室内陈列等。从办公室的设计又谈到慈善捐赠和自己的创业过程。5 分钟早就已经过去了，爱达森自然也获得了自己想要的合同。

把握求人的时机

生活对每个人说："你必须求人。"可是，很多人并不赞同这种观点。为了证明"你必须求人"是正确的，我们看下面这个故事。

战国时期，有个名叫许行的楚国人来到滕国。他和自己的几十个门徒穿着粗麻织成的衣服，靠编草鞋、织席谋生，以能自耕自足、不求他人为乐，并据此指责滕国的国君不明事理。在许行看来：人不能依赖别人，不能向人求助。所以，身为一个真正贤明的国君，他既要替老百姓服务，还要和老百姓一样自耕自食。如果自己不耕种而要别人供养，那就不能算作是贤明的国君。一个叫陈相的人把许行的所作所为及其主张告诉了孟子。孟子问陈相："许行一定只吃自己耕种收获的粮食吗？"陈相回答："是的。"孟子接着又问："那么，许行一定自己织布才穿衣吗？他戴的帽子也是自己做的吗？他煮饭的铁甑都是自己亲手浇铸的吗？他耕作用的铁器也都是自己亲手打制的吗？"陈相笑着回答："都不是的。这些物品都是他用米、草鞋、草席这些东西换来的。"孟子说："既然是这样，那就是许行自己不明白事理了。"孟子和陈相的这段对话说明，谁也不可能在不求于人的条件下获得生存和发展。社会本身就是一个互帮互助的关系网，就像这个人向往的天堂。

一个人找到上帝，目的就是想亲眼目睹天堂和地狱的区别。上帝没有直接告诉他答案，而是带他去地狱。地狱里放着一口装满食物的大锅，这里的人却一个个骨瘦如柴。他们每个人手中都拿着一个长柄的勺子，柄太长，食物送不到嘴边，更不用说送进嘴里了。因此，他们吃不到食物。接着，上帝又带着这个人去天堂。同样的大锅，同样的长柄勺，天堂里的人却愉快而饱食。原因也很简单，因为他们都是互相喂着吃饭的。

这个故事说明，生活中无论任何事情，都必须靠人与人之间的交往与互助，人与人之间离不开求互助、互帮互援。当人与人之间相互友爱、互相帮助，生活就是天堂；反之，就是地狱。你会选择住在地狱还是天堂？相信即使是初入社会的人也会对这一问题有深刻的认知。

求人的最终目标是成事，那么，如何才能获得别人的帮助，使自己能够完成想做但凭自己一人又做不成的事儿呢？这就要注重一个求人的时机问题。

有一个美国孩子贷款的故事。有一个美国人从十几岁开始就到一家银行贷款，最初是 50 美元。只要一到期就归还，非常守信用。过了一段时间，他将贷款金额增加到 100 美元，又是到期就归还。隔了几年，这个美国人大学毕业了。他需要一笔 200 万美元的资金来创办一家属于自己的公司，于是就到银行申请贷款。银行很快就核准了他的贷款，他也顺利地成立了自己的公司。在经济不景气的时代，一个刚毕业的大学生如何能够让银行同意这么大的一笔贷款呢？原因很简单。因为从他在银行的第一笔贷款到他大学毕业，将近 10 年的时间，他累积了很好的信用记录。同时，在办理借款时，他积极主动去认识银行的工作人员，上至总经理下到营业员，都和他们成为朋友，累积他们对他的信赖感，于是轻松得到这一笔 200 万的资金开创自己的事业。这个美国孩子一直在为自己的未来创造基础，当这个基础累积到一定程度时，事情也就顺理成章了。就像我们在求人时，当就很多问题不断地交流沟通后，使对方产生同情或者兴趣时，就是自己"见缝插针"的最好时机，也是成事的最好机遇。

彼克是一个美国人，但他生于波兰，在贫民窟长大，生存状况可想而知。他只读过 6 年书，很小就开始做杂工、当报童。这样一个穷孩子看起来似乎没有任何成功的希望，机遇与幸运对他实在太少。然而，13 岁那年，他偶然间读到《全美名人传记大成》，随后突发奇想，要和那些名人直接交往。他采取最简单的方法：写信。在每一封信中，他都提出一两个能激起收信人兴趣的具体问题。他的方法非常有效，很多名人都回信给他。此外，只要他知道有名人来自己所在的城市参加活动，无论如何都要进入那个场合，与所仰慕的名人见上一面。见到名人时，他通常都只简短地说几句话，便礼貌地离开，不多打扰。就这样，他认识了很多各个领域的名人，其中还包括后来当了美国总统的加菲尔将军。后来，彼克创办了《家庭妇女》杂志。凭借多年与名人的交往，他邀请他们为杂志撰稿。被他邀请的名人也很乐意执笔，杂志因此非常畅销，发行量很大。彼克自己也因此脱离了贫困的生活，在出版界声名大噪。彼克的做法让人叫绝却又合情合理。他利用自己的智慧获得别人的同情与关注，并借助这种同情和关注与名人结识，目的就是为了以后自己事业的发展。

这就是求人的时机和技巧，记住一定要抓住对方已表示出同情或者兴趣的时机。这也就是求人的潜规则之一。

求人帮忙之前先提高自己

要想别人帮你，先要试着将自己的实力亮出来，才能有机会争取到那些成功人士的青睐，因为成功人士的投资是要讲求回报的。

要引起别人的注意，一定要先亮出自己。有这样一个故事。台湾某保险公司有位出色的营销员，在一次会议上作自我介绍时，她是这样说的："有只小猪在跳迪斯科，现在你们知道我的名字了吧？"台下响起一片回应："猪——会——摇！"她微笑着点头说："大家倒过来念呀。"众人恍然大悟，倒过来便是她的名字——"姚慧珠"。如此精彩的自我介绍，要让人记不住你的名字都难。这就是亮出自己的第一步。

周明良毕业后的求职经历就是亮出自己，使别人欣然接纳自己的一个过程。大学刚毕业时，周明良看到一家知名公司在招人，于是寄去了简历，不久就收到了应聘通知。面试那天，周明良提前到了这家公司的总台，看到总台两位小姐，一边接电话，一边整理报纸，旁边有几位还有找公司相关人员办事的人员站在旁边等待。半小时后，要求周明良到 3 楼董事长办公室面试的电话到了。

　　在从一楼到三楼的过程中，周明良依然细心观察着。进了董事长办公室后，周明良又环顾了董事长办公室一下。当他坐定，董事长想问他一些情况时，他说："董事长，在您面试我前，能不能让我先说一些到贵公司的一些感受与体会？"董事长说："当然可以，请说吧！"于是，他说道："我到公司总台，看到有好几个人来找贵公司办事。可是，因为总台边上没有凳子，他们是站着等的，据说他们有的等了 1 小时了，站累了不得不蹲在边上。我想能否在总台边上摆上几张沙发，并且摆一张茶几，在总台边上摆一个饮水机。有人来了，让客人坐着等，总台小姐给他们倒上水。另外，还可以在沙发边上摆一个小书架，上面摆上公司的简介、产品介绍，以及企业自办的内刊，让他们更多地了解公司，也不致使他们等得发急，大吵大闹，影响公司的形象。这岂不是两全其美的事情？"

　　"在我上楼的时候看到了卫生间，卫生条件体现出一个企业对公司员工的人文关怀。但是，我看到卫生间门上挂着的标牌档次太低，应该挂统一制作、有中英文标志的小牌子。楼道上的垃圾桶，就是一个铁桶，还没有盖子，里面的脏东西都让人瞧见了，很不雅观。我们这么好的企业，经常会有人来参观，这些细节上的疏忽有损于公司的良好形象。二楼办公室与三楼办公室的牌子大小、式样、颜色、字体不统一，还有办公室里的办公桌大小、式样、颜色也非常乱，这说明贵公司管理上不够规范。我在上楼时，还看到有几名员工勾肩搭背，走得很慢，还说说笑笑，打打闹闹，挡住了我的路。这说明贵公司忽略了对员工细节方面的管理。我想，应该在楼道上写着'轻声、快步、靠右走'的小字幅。"在这个过程中，董事长一直面带微笑地注视着他。

董事长的举动，周明良都看在眼里。于是，他继续大胆地说起来："在二楼，您提出的'欲做事，先做人'的企业理念很好，可是字体太小，不醒目，不利于教育员工，也不利于给参观的上司和嘉宾留下深刻的印象。据说您提出了很多理念都很好，都可以制成统一的标志，挂在每个楼道上。到了您的办公室，看到办公桌和椅子很高档，但后面还摆着一个金鱼缸，里面有些漂亮的鱼。这可能是您的爱好，也有利于您休息和放松，但您办公室就是没有书架，没有书籍。我想能否把金鱼缸这种休闲的东西放在另外一个房间，在您办公室再摆一个书架，放些书籍。再在您的背后贴一张企业理念或您最欣赏的一句话的字幅……"

就这样，面试的时间很快过去了，董事长只是简单地问了周明良一些情况，面试就结束了。后来，周明良很幸运地被公司录用了，并且安排在总裁办。周明良的面试似乎是在自己给公司的面试，但就是自己将这一方式巧妙扭转，使他亮出了自己的实力。面对这支潜力股，董事长怎么能不动心呢？

很多人在应聘或者是求人办事时，都是被动的，甚至连大气都不敢出，将自己的"命运"全部寄托在对方的情绪上。其实，这时候多谈谈你自己的想法、看法，往往能将自己的才能和实力展现出来，从而让对方刮目相看，为成事增加必要的筹码。

同学关系好办事

人生中最值得珍惜的要属同学关系，同学关系是最纯洁、最稳定的友谊。同窗之谊，犹如朋友之情，但一定意义上又有别于朋友之情。能为同窗，实属有缘，相识、相处、相知、相助，同窗关系愈久弥坚，助益良多，何乐而不为？

即使你在学生时期不太引人注目，交往的范围也很有限度，你也大可不必因此而受限于昔日的交往，使想法变得消极。这是因为，每个人踏入社会后，所接受的磨炼都是不同的，绝大多数的人会受到洗礼而变得相当注意人际关系。因此，即使与陌生的人来往，通常也能相处得好。由于这种缘故，再加上曾经拥有的同学关系，你可以完全重新展开人际关系的塑造。换言之，不要拘泥于学生时期的自己，而要以目前的身份来展开交往。

1. 保持联系，加深关系

在校期间，同学天天见面，嬉笑玩闹，不亦乐乎。一旦毕业，亲疏远近就靠自己维持了。所以，同学之间应多多联系。要知道，大千世界茫茫人海，既为同学，说明缘分不浅。虽相处时间不长，但这中间的关系值得珍惜，值得持续下去。如果你与同学分开后，还能保持一种相互联系、愈久愈坚的关系，那对你的一生，或者说对你将来所要达到的理想都会很有好处。这其中的有利方面，也许是你从未想到的。

2. 参加同学会，办事时求得照应

在现代社会中，由于物质的极大刺激，造成许多人的目光短浅。特别是在同学关系上，相聚时漠然处之，分开后互不来往，"你走你的阳关道，我过我的独木桥"，直到遇到困难时才想到同学，那就为时晚矣。

许多人在与同学分开之后，还经常保持着联系，或成立一个组织机构——同学会，这实在是一种十分有见地的方法。一年一小会，10年一大会。大家虽已不是学生，但关系愈聚愈坚，彼此相互照应，"一方有难，八方支援"，这真是中国所特有的人际关系。它说明同学关系已到了一个更高的层次，不受时间所限，不受空间所限。只要有"聚"，那份关系、那份情将取之不尽、用之不竭！

许多人在与同学分开之后，就不再联系。等到再碰面时，就会发现很难找到共同话题。如果托同学办事，事关利益的事情就可能很难办到了。所以，平时一定要注意和同学培养、联络感情。只有平时经常联络，同学之情才不至于疏远，同学才会心甘情愿地帮你。

搞关系也要循序渐进

在现代社会生存发展，的确需要拓展人际关系，积累人脉，但朋友是需要花费时间去交往的。太过心急，只会使对方因反感而逃避。所以，搞关系也要循序渐进，一步一步慢慢接触，这样拓展出的人脉才是长久稳定的。

布朗先生参加一个社交聚会，交换了一大堆名片，握了无数次手，也搞不清楚谁是谁。

几天后，他接到一个电话。原来是几天前见过面，也交换过名片的"朋友"，因为那位"朋友"的名片设计得很特殊，让他印象深刻，所以记住了他。

这位"朋友"也没什么特别的目的，只是和他东聊西聊，好像两人已经很熟了一样。

布朗先生不大高兴，因为他和那个人没有业务关系，而且也只见了一次面，他就这样打电话来聊天，让他有被侵犯的感觉，而且，也不知和他聊什么好！

在现代社会中，这种情形常会出现。以这位"朋友"来看，他有可能对布朗先生的印象颇佳，有心和他交朋友，所以主动出击。另外，也有可能是为了业务利益而先行铺路。但不管基于什么样的动机，他采取的方式犯了人际交往中的忌讳——操之过急。

拓展人际关系是名利场上的必然行为。但在社会上，有一些法则必须注意，这样才能达到预期的效果，才不致弄巧成拙。

这个法则为"一回生，二回半生不熟，三回才全熟"，而不是"一回生，二回熟"。"一回生二回熟"还太快了些，"一回生，二回半生不熟，三回才全熟"则是渐进的，而且是长期的。之所以要运用此法则，是因为如下两个方面的原因。

一个是每个人都有戒心，这是很自然的反应。一回生，二回就要"熟"，对方对你采取的绝对是"关上大门"的自卫姿态，甚至认为你居心不良，因而拒绝你的接近。名人、富有或有权势之人，更是如此。

另一个是每个人都有"自我"。你若一回生，二回就要"熟"，必定会采取积极主动的态度，以求尽快接近对方。也许对方会很快感受到你的热情，而给予你热情的回应。可是，大部分人都会有自我受到压迫的感觉，因为他还没准备好和你"熟"，他只是痛苦地应付你罢了，很可能第 3 次就拒绝和你碰面了。

"一回生，二回熟"的缺点还不只上面提的两点。因为你急于接近对方，所以很容易在不了解对方的情形下，以自己作为话题，来持续两人交谈的热度，这无疑是暴露自己。若对方不是善类，你岂不是自掘坟墓吗？

今朝伸手失意人，他日获得涌泉恩

任何事情都有两面性，有时候倒霉了，其实也不完全是坏事，至少有这么一点好处：可以认清谁是自己真正的朋友。

世事沧桑，人生多变，起起伏伏，实难预料。昨天的权贵，很可能今天成了平民；巨富大款，一夜之间也可能一贫如洗……在商品社会，这种现象并不罕见。落魄者的情况各不相同，有的是政治原因，有的是思想品德所致，还有的是决策失误。不管是主观原因还是客观原因，对于落魄者来说，从天上掉到地下，其痛苦心情可以想象。在这种际遇地位剧烈变化的情况下，不少人自惭形秽，觉得没脸见人。也有的则更加自尊、敏感，对他人的态度往往异常关注。

而从人生的角度来看，每个人也都不是一帆风顺的，总有落魄、受挫折的时候。当人们落难的时候，不仅自己倒霉，而且也是对周围的人，特别是对朋友的考验。远离而去的，可能从此成为陌路人。同情、帮助其渡过难关的，他可能会记一辈子。所谓莫逆之交、患难朋友，往往就是在最困难的时候结交的。这时形成的友谊是最有价值、最令人珍视的。

在"文革"中，有一位上司被关了牛棚，没有人敢接近他。他感到很苦闷，一度丧失了生活信心，动了自杀的念头。这时，他的一个部下不怕受连累，主动去见他，给他送东西，并开导他，甚至狠狠地批评他的轻生思想要不得，鼓励他，指出前途是光明的。于是，他坚持了下来。后来，这位上司平反后，十分感谢他的这个部下，并把他当成知己。这个部下得了重病，他把自己的全部积蓄拿出来给部下看病，后来又把部下接到自己家里养起来。

对待落魄者的态度，不仅仅是与其能否建立真正友谊的契机，也是对一个人品质的考验。朋友在困难的时候，你伸出援助之手，他会非常感激你，并且终生难忘。且不论将来是否能够用得上这份情谊，单从感情的角度讲，你就多了一个好朋友。

小让步换来大帮助

会做人的人，也会在各种情况下与不喜欢或者不相投的人和睦相处。学会与不喜欢的人合作办事，是一种技巧，更是一种智慧。

人往往喜欢与自己志趣、脾气相投的人接近，同样也会远远地躲开那些自己不喜欢、不愿意打交道的人。然而，生活中没有那么多的顺心顺意，也不可能有那么多人都能够与自己脾气相投。由于各种各样的原因，我们经常要与自己不喜欢的人，甚至是与自己敌对的人打交道，这就需要你抛开一时的成见，具有长远的见地，用真诚的态度对待每一个人，包括你所不喜欢的人。

哈蒙曾被誉为全世界最伟大的矿产工程师，他从著名的耶鲁大学毕业后，又在德国弗赖堡大学攻读了3年。毕业回国后，他去找美国西部矿业主哈斯托。哈斯托是个脾气执拗、注重实践的人，他不太信任那些文质彬彬的专讲理论的矿务工程技术人员。

当哈蒙向哈斯托求职时，哈斯托毫不客气地说："我不喜欢你的理由就是因为你在弗赖堡做过研究，我想你的脑子里一定装满了一大堆傻子一样的理论。因此，我不打算聘用你。"

于是，哈蒙假装胆怯，对哈斯托说道："如果你不告诉我的父亲，我将告诉你一句实话。"哈斯托表示，他可以守约。哈蒙便说道："其实，在弗赖堡时，我一点学问也没有学回来。我尽顾着实地工作，多挣点钱，多积累点实际经验了。"

哈斯托立即哈哈大笑，连忙说："好！这很好！我就需要你这样的人，那么，你明天就来上班吧！"

聪明的人在与不喜欢的人相处时，或是在面对不同意见时，就善于做些"小让步"。每当一个争执发生的时候，他们总是会想：关于这一点能否做一些让步而不损害大局呢？因此，无论在什么时候，与不喜欢的人相处合作的最好办法就是在小的地方让步，以保证在大的方面取胜。

让步并不代表妥协，而是为了赢取更大的胜利。

多想想怎样才能共赢

"取胜"并不意味着一定要有人输、有人赢。个人、团体，以至国家，都是为了赢得利益而竞争。能够获得共赢，为什么还要拼个你死我活呢？林肯说："如果我们能把所有的敌人变成朋友，这难道不是说我们消灭了所有的敌人吗？"把竞争对手变成自己的合作伙伴，实现了双赢，这自然是最好地利用了对方的力量，减少了对自己的威胁，这相当于最大限度地增强了自己的实力。

1957 年，当时还默默无闻的约翰·列侬在一次小型演出中，认识了 15 岁的保罗·麦卡特尼。演出结束后，保罗批评约翰唱得不对，吉他也弹得不好，约翰很不服气。于是，保罗用左手弹了一段漂亮的吉他，向约翰展示了他的天才。而且，他能记住所有的歌词，这让约翰大为惊讶。约翰想，与其让这小子成为自己将来的敌人，还不如现在就邀他入团。就在这天，20 世纪最成功的音乐组合诞生了，约翰和保罗携手合作，组建了"披头士"乐队。这支乐队后来风靡全球，成为历史上影响最为深远的乐队。

约翰的明智决定，让他少了一位对手，多了一位朋友。年轻人应该记住，你的竞争对手不是你的敌人。事实上，你与他们有着很多的相似之处。把你的竞争对手当做合作伙伴，将会更有益。在军事谋略中，十分强调利用对手的能量来保卫自己。在充满竞争的经营环境中，如果你总是处于进攻的状态，就会在无形当中削弱自己的战略地位。

电视行业的一家公司为了抢占市场，开始大幅度降价，以此来削弱别人。大多数竞争对手十分愤怒："他们怎么可以这么做？他们打算毁了我们，破坏整个行业？"自然地，他们也开始进攻，降价更多，价格战于是无休止地持续下去。

然而，有一个公司却利用这场激动人心的价格战的机会，采取了不同的做法。这个公司只是稍微地降价，然后提供几项增值服务，包括为销售代表举办研讨班，同其他公司合作进行交叉促销等。当然，所有这些服务都增加了公司的成本，但怎么也比不上单纯降价所导致的损失大。很多公司被价格战拖得快要垮掉时，该公司已经扩大了市场份额，并且由于顾客对于该公司的服务非常满意，该公司的产品销量也有了新的突破。

主动发起价格战和参与价格战的公司，企图把自己的竞争对手置于死地，结果自己也深受其害。而那家利用价格战的机会大搞增值服务的公司却大大受益。这说明，如果总是在争端中生存，自身将得不到太大的发展。

台湾一家美容院在报纸上登广告说："从今天开始，凡是到本店来洗头的人都将获送一大瓶洗发精。"一瓶洗发精大概是 600 元台币。这家美容院张贴广告之后，这瓶洗发精就摆在店里，同时为顾客贴上标签、写上名字，以后每一次到店里洗头就可以用属于自己的这瓶洗发精了，因为使用自己的洗发精，所以洗头的费用也降低了 10%。

一大瓶洗发精大约可以使用 40 次，每一次洗头是 180 块钱左右，美容院因此就可以在一位顾客身上收入 7 200 元钱，而一大瓶洗发精平均进货成本是 300 元左右。这样算来，经营成效不但大大增加，而且固定了消费群体。

而消费者一算，这样很划得来。于是，这家美容院从此顾客盈门。

正是双赢思维使这家美容院获利，在这家美容院看来，只有共赢，才是最大的胜利。

第八章　职场机遇背后的规则

去把那扇成功之门推开

任何一个时代的人，都在渴望成功。成功意味着理想的实现、目标的达到、愿望的满足。

成功意味着财富：你可以住最好的住房；可以随意去你想去的地方；可以让你的孩子享有最佳的生活与教育。

成功意味着地位：你可以拥有上司权和支配权，可以在职业与社交圈中赢得别人的尊重。

成功意味着自由：你可以避免生活里各种各样的烦恼、恐惧、挫折与失败；你可以悠闲地待在岸边，观看许许多多为了生存而无尽劳碌的人们。

成功意味着幸福、荣誉、健康、快乐、鲜花、掌声——总之，意味着你可以快乐地冥想，谢天谢地，我终于站在了人生的金字塔之巅。

因此，追求成功是人类的本能。人为成功而来，也为成功而活。绝大多数人能忍辱负重地走完人生的漫漫历程，就是因为对成功的渴望始终像一盏明灯，照耀着他的未来。

然而，在现实生活中，终其一生、苦苦追寻，仍然只能遥望胜利曙光的殉道者却大有人在；误入歧途，越是努力却越偏离目标的悲情梦想者也不乏其人。他们渴望成功但又觉得成功遥不可及，渴望自信却又总是自怨自怜，渴望快乐但又永远品尝不到快乐之泉。于是，他们面对命运人生，就无奈地得出了这样一个结论：人命天定。

很多人没能打开成功的大门，他们的失败是由于资质的欠缺？力道的不足？还是缺乏成功的契机？

在我们这个世界上，除了牢门是紧锁的，其他的门都在虚掩着，尤其是成功之门。失败者之所以失败，往往是因为他们缺少推开那扇门的勇气、智慧和坚持。

1968 年，在墨西哥奥运会的百米赛道上，美国选手吉·海因斯撞线后，转过身子看运动场上的记分牌。当指示灯打出"9.95"的字样后，海因斯摊开双手自言自语地说了一句话。由于当时他的身边没有话筒，他到底说了什么，谁都不知道。

直到 1984 年，一位叫戴维·帕尔的记者揭开了这个谜底。海因斯当时说的话是："上帝啊！那扇门原来虚掩着。"

自 1936 年欧文斯创造了 10.3 秒的成绩之后，这个纪录保持了 30 多年。以詹姆斯·格拉森医生为代表的医学界断言，人类的肌肉纤维所承载的运动极限不会超过每秒 10 米，这一说法在国际田径界非常流行。海因斯也相信这是真的，于是他把自己的目标定在 10.01 秒。为此，他每天以自己最快的速度跑 50 千米，因为他知道，百米冠军不是在百米赛道上练出来的。后来，当他看到自己 9.95 秒的成绩之后，他惊呆了，原来 10 秒这个门绝对不是牢不可破地紧锁着的。相反，只要你付出艰苦努力，它就虚掩着，就像那根横在终点线上一碰即过的绳子。

海因斯不是思想家，但他却说出了这句深刻的人生哲理名言。人们在记住他为田径运动做出贡献的同时，也会因为他的这句名言而激动。

在人的一生中，很多时候都会面对这样或那样"虚掩的门"。然

189

而，很多人只是站在门前，期盼着门自动打开，甚至都没有勇气想过要靠自己去推开它。还有一些人，不知道那扇门在何方，即便近在咫尺，仍旧看不清楚。因此，这也就注定了他们和成功无缘。拿破仑说过："我成功，是因为我志在成功。"伸展开你的手掌，爱情线、事业线、生命线都在你的手心上，你只需握紧拳头，这一切都将被你紧紧地握住。因此，在成功之路上，千万不要期待会有神助。上帝不会偏爱某一个人，只有依靠你自己，才能把那扇成功之门推开。

永远不向任何困难低头

有一句名言："时间顺流而下，生活逆水行舟。"人在生命的历史长河中，难免会遇到困难。实际上，困难一直是与人为伴。困难是不可避免的，逃避和抱怨并不能阻止困难的到来。因此，我们应该以坦然、积极、乐观的态度对待困难，并树立不怕吃苦、不畏艰险的精神。

20岁时，海明威立志做第一流的作家。他每天辛苦写作，但所写的稿件全部被退回。在随后的3年时间里，他一共写出1部长篇、18部短篇和30首诗。不幸的是，妻子把他的装有全部手稿的手提箱弄丢了。

24岁，他的第一部著作出版。这部只印了300册的书，没有在社会上产生任何影响。这时，他穷困潦倒，妻子也带着儿子离开了他。

事业无望，家庭破碎，经济窘困。一般人遇到这种情况可能会一蹶不振，但他没有。虽然每一次的尝试带来的都是失败，但他仍然没有放弃尝试。因为他相信，只要用平常心面对失败，并且不害怕失败，上天对每一个人都是公平的，自己的付出一定会得到应有的回报。

第二年，他尝试用一种新的文学体裁创作了长篇小说《太阳照样升起》，引起各方的好评。此后，他继续尝试不同风格和题材的文学作品，佳作不断问世。《永别了，武器》成为20世纪20年代的经典之作，《乞力马扎罗的雪》是这个世纪最成功的短篇小说之一，直到《老人与海》这部世界文学宝库中的珍品问世，他终于实现了20岁时的梦想——做世界第一流的作家。

1954年，他凭借在文学上的突出贡献，荣获了诺贝尔文学奖。

海明威的经历告诉我们，只有不怕失败，才能在一次又一次的尝试中找到成功的机会。当你缺乏勇气时，困难是可怕的，你越畏惧，困难就越发不可逾越；而当你鼓起勇气战胜困难时，困难就是成功的加速剂，它可以让你蹦得更高、跳得更远。

勇于打破常规

任何事情做得多了、干得久了，就会习以为常，很不容易改变。须知，那些勇于打破常规的人，往往会取得出人意料的成功。

成功的人往往是那些能够摆脱条条框框的束缚、在工作中有所突破的人，这种人正是各个公司都急于网罗的对象。

在一家公司里，总经理总是对新来的员工强调一件事："谁也不要走进8楼那个没挂门牌的房间。"他没有解释原因，也没有员工问为什么，他们只是牢牢地记住了这个规定。

又有一批新员工来到公司，总经理又重复了上面的规定。这次，有个年轻人小声嘀咕了一句："为什么？"

"不为什么。"总经理满脸严肃地说，依旧没有任何解释。

回到岗位上，年轻人一直思考着总经理这个令人费解的规定。其他人劝他别瞎操心，遵守这个规定，干好自己的工作就行了。但年轻人却执意要进入那个房间看个究竟。

他轻轻地敲了一下门，没有反应。再轻轻一推，虚掩的门开了。只见屋里有一个纸牌，上面写着——把这个纸牌送给总经理。

闻知年轻人擅闯"禁区"的同事劝他赶紧把纸牌放回房间，他们会替他保密的，但年轻人拒绝了。他拿着纸牌，走进了 15 楼总经理的办公室。

当他把那个纸牌交到总经理手中时，总经理宣布了一项惊人的决定："从现在起，你被任命为销售部经理。"

"就因为我拿来了这个纸牌吗？"年轻人诧异地问。

"对，等这一刻我已经等了快半年了，相信你能胜任这份工作。"总经理自信地说。果然，销售部在年轻人的带领下，工作搞得有声有色。

勇于走进某些禁区，打破条条框框的束缚，突破常理的限制，往往会得到许多意想不到的机会。那些因循守旧、循规蹈矩的人，只能拥有普通人的平淡生活。

掌控自己的人生

某些时候，不是因为没有机会，而是我们不主动去创造机会。唯一能创造良机的，只有你自己。有了这种认识，你才能由被动地等待变成主动地创造，由被动地接受变成主动地拥有。主动，是拥有积极心态的体现。谁在生活中拥有了主动权，谁就掌控了自己的人生。

一个人已经 45 岁了，日子仍然过得不尽如人意。他特地跑去找一个有名的算命师，试图从算命师那里获得秘诀。

算命师问了他的出生日期，然后告诉他："你45岁以前生活非常拮据，事业也很不如意。你看我说得对不对？"

这个人对算命师的话感到异常惊讶，他对算命师佩服得五体投地。他崇拜地说："大师，你可真厉害！我一直都不顺利，命运很坎坷，我都快50岁了，还是一事无成。我50岁以后，是否就顺利了？"他期待着算命师的肯定回答。

"50岁以后，你的处境不会有什么改变。"此人失望地问算命师："为什么？难道我的命运就该如此吗？"

"因为你从不主动地努力改变现在的糟糕际遇。"算命师说道。

"命运本非天定，成败自在人为。"条件永远不会自己改变。如果你不积极地行动起来，为自己的愿望和理想付出努力，那你就永远不会得到自己满意的结果。我们的生活充满了机会。积极主动的人善于创造机会，所以他们能成为强者，而那些弱者永远只能等待机会的来临。如果你已经习惯了被动地等待，没有人能帮助你、拯救你。想要自己拯救自己，就要主动地去捕捉机会。

有一天，毛毛虫问蝴蝶："我要怎样才能变成一只蝴蝶？"

"要成为蝴蝶，首先要有飞行的渴望，其次要有勇气冲出束缚你的安全、温暖的茧。"

"那不就是死亡吗？我要等机会再成熟一点再出来。"

"表面看是死亡，实际上是新生。在现实生活中，这就是差别。有的成为蝴蝶，有的则因等待而死亡。"

蝴蝶给了我们这样的启示：主动掌控自己的人生，不要随波逐流。只有做自己的主人，才能成为真正的英雄。

"幸运"来自勤奋

很多时候，人们总会用"幸运"来形容一个企业家或某个人的崛起与成功。还有一些人会经常抱怨自己时运不济，对生活和事业中的"不公平"产生诸多困惑与不满。事实上，幸运的得来靠得是一个人艰苦卓绝的努力与永不放弃的执著。

1878年6月6日，一个名叫威廉·江恩的男孩子出生在美国得克萨斯州路芙根市的一个爱尔兰家庭。由于江恩的父母是爱尔兰籍移民，家里没有一丝的积蓄。加之当时美国经济不景气，江恩的母亲常常为一日三餐而发愁。

少年时代的江恩只读了几年书便早早辍学了，他不得不像大人一样为了生计奔波。江恩在火车上卖报纸、送电报，贩卖明信片、食品、小饰物等东西，赚取微薄的收入，以贴补家用。与所有报童们不同的是，江恩放报纸的大背包里时刻都装着书。空闲的时候，当别的报童们纷纷去听火车上卖唱的歌手们唱歌或跑到街上玩耍时，江恩便悄悄地躲到车站的角落里去读书。

在读书的过程中，江恩意识到，自然法则是驱动这个世界的动力。

江恩的家乡盛产棉花，在对棉花过去十几年的价格波动做了分析总结后，1902年，24岁的江恩第一次入市买卖棉花期货，便小赚了一笔。之后，他又做了几笔交易，几乎笔笔都赚。

棉花期货上的成功坚定了江恩投资资本市场的信心。不久，江恩到俄克拉荷马去当经纪人。当别的经纪人都将主要精力放在寻找客户以提高自己的佣金收入时，江恩却把美国证券市场有史以来的记录收集起来，一头扎进了数字堆里，在那些杂乱无章的数据中寻找着规律性的东西。

当时，做经纪人的收入是很可观的。每到夜晚，江恩的许多同事便出入高级酒店，呼男唤女，而由于没有客户得不到佣金，江恩只能穿着寒酸的衣服躲在狭小的地下室里独自工作着。同事们笑他迂腐，笑他找不到客户，还暗地里给他起了个外号，叫"路芙根的大笨蛋"。

江恩并不理会这些，依然我行我素。他用几年的时间去学习自然法则和金融市场的关系，不分日夜地在大英图书馆研究金融市场在过往100年里的历史。

1908年，江恩30岁，移居纽约，成立了自己的经纪业务事务所。同年8月8日，江恩发表了他最重要的市场趋势预测法——"控制时间因素"。

经过多次准确预测后，江恩声名大噪。

许多人对江恩能一次次准确定位对证券市场颇为不解，更有一些人坚持认为这个年轻人根本没有那么大的本事，他的成功只不过是传媒在事实的基础上大肆渲染的结果。

为证明自己报道的真实性，1909年10月，记者对江恩进行了一次实地访问。在杂志社人员和几位公证人员的监督下，江恩在10月份的25个市场交易日中共进行286次买卖，结果，264次获利，22次损失，获利率竟高达92.3%。这一结果一见诸报端，立即在美国金融界引起轩然大波。人们惊呼，这个年轻人简直太幸运了！

以后的几年里，江恩在华尔街共赚取了5000多万美元的利润，创造了美国金融市场白手起家的神话。不仅如此，他潜心研究得出的"波浪理论"还被译成十几种文字，作为世界金融领域从业人员必备的专业知识而被广为传播。

机会是要创造的

世界上本没有路，走的人多了，才有了路。如果你总是喜欢沿着别人踏出来的路走，从来不自己开辟新路，那你就只能步人后尘，不可能超越别人。所以，要学会在没有路的地方开辟出属于自己的路。没有路不能成为不再前行的理由，只有善于创造机会的人，才能留下自己的足迹，才能开创新的局面。

很早以前，短筒皮靴一度成为全美的一种流行时尚，皮靴业的商家都抢着制造这种短皮靴。

卡尔斯经营的皮鞋厂规模很小。他很清楚，要和那些大型公司竞争，在短皮靴的生产上挣到大笔的钱几乎没有可能。那么，如何在市场竞争中获得主动权，自己创造挣钱的机会呢？

经过深思熟虑，卡尔斯立即召开了一个皮鞋款式改革会议，要求工厂的十几个工人各尽其能，设计新款式鞋样。凡是所设计的新款鞋样被工厂采用的设计者，可立即获得 1 000 美元的奖金；所设计的鞋样通过改良被采用，设计者可获 500 美元奖金。

在几十种设计中，卡尔斯选择了 3 种比较时尚可行的设计。然后，就将这 3 个新款式皮鞋试行生产。

这些款式新颖的皮鞋一上市，立即掀起了一股购买热潮。

卡尔斯也因此成就了他的梦想——创办一家大型的皮鞋公司。

在你没有把握和机会战胜强大的对手时，不如像卡尔斯一样，另辟蹊径，寻找新的取胜机会。一个小小的创造，就可以在激烈的竞争中胜出。如果总是因循守旧地按照别人的模子走，是很难最终胜出的。

一场大雪过后，一位年轻的父亲带着年幼的孩子走在路上。

　　雪地上已经被扫出了一条窄窄的路，很多人都规规矩矩地沿着这条路缓缓走过。当这父子俩也走到这条路上时，儿子却调皮地走到雪地上去了。

　　父亲见了，便呵斥道："快回来，别人没有走过的路有危险，摔倒了怎么办？"

　　孩子却用稚嫩的声音回答："爸爸，你看，我并没有摔倒，还踩出了一条自己的路呢！"

　　父亲一看，果然儿子身后留下了一串小小的脚印。而自己的身后，却依然是那条别人走过的路，没有留下任何痕迹。

　　成功者之所以成功，就是因为他们从来不跟在别人后面，然后抱怨机会都让前面的人抢走了，他们总是在感觉这条路上没有机会了，马上就去寻找另一条通往目的地的道路。生活中，很多人失败，是因为他们总是相信过去，却从来不瞻望未来，给自己创造新的机会。

把灵感转变为自己的机会

　　许多灵感往往就是财富的源泉、成功的先机。紧紧抓住转瞬即逝的灵感，也就抓住了成功的机会。如果你想成功，不妨随时思考如何把一时的灵感转变为自己的机会。

　　1947 年的冬天，在密歇根州的卡索波里斯，爱德华·洛厄正帮着他的父亲做木屑生意。这时，有一位邻居过来，问他们有没有木屑。她说，她的猫房里的沙给冻住了，她想换一些木屑铺上去。当时，年轻的洛厄就从一只旧箱子里拿出一袋风干了的黏土颗粒，建议对方试试这玩意儿，因为这种材料的吸附能力特别强，并告诉她当年他父亲卖木屑的时候，就是采用这种材料清除油渍的。结果，他的邻居试了以后，燃眉之急果然解除了。

几天以后，这位邻居又来了，她想再要一些这样的黏土颗粒。这时，洛厄突然意识到自己的机会来了。他马上又弄了一些黏土颗粒，分成五磅一袋，总共装了十袋。他把自己的新产品命名为"猫房铺"，并打算以每袋65美分的价格卖出去。但是，大家都笑话他，因为一般铺猫房用的沙子才多少钱一磅呀？

但出人意料的是，洛厄的十袋黏土很快就卖出去了。而且，当这10个用户再次找上门来，指明要买"猫房铺"的时候，轮到洛厄高兴了。一笔生意，一种品牌，一种使命，就这样开始了。

采用黏土颗粒作为猫房铺，反倒促使猫变成更受人欢迎的宠物了。同时，洛厄也因此而变得富有了。仅仅在两三年时间内，"猫房铺"的销售就达到了两亿美元。也许可以说，正是洛厄的发明所带来的生存条件的改善，最终使猫取代狗成为在美国最受欢迎的宠物。

把握机会其实很简单，只要你抓住一时的灵感，许多事情就会迎刃而解。与此同时，也许还会给你带来很多的财富。

请给上司结果

所有的人在本性中，都有一个自然的倾向，就是逃避责任。但人要想进步，就必须通过责任的磨炼。所有成功的执行人才，就是那些对自己有责任感的人。因此，如果责任来临的时候，请背负起责任，千万别逃避，要对自己负责。

著名的美国西点军校有一个久远的传统。遇到学长或军官问话，新生只能有4种回答。

"报告长官，是。"

"报告长官，不是。"

"报告长官，没有任何借口。"

"报告长官，我不知道。"

除此之外，不能多说一个字。

新生可能会觉得这个制度不尽公平，例如军官问你："你的腰带这样算擦亮了吗?"你当然希望为自己辩解。但是，你只能有以上4种回答，别无其他选择。

在这种情况下，你也许只能说："报告长官，不是。"

如果军官再问为什么，唯一的适当回答只有："报告长官，没有任何借口。"

这既是要求新生学习如何忍受不公平——人生并不是永远公平的，同时也是让新生学习必须承担责任的道理：现在他们只是军校学生，恪尽职责可能只要做到服装仪容的要求，但是日后他们肩负的却是其他人的生死存亡。因此，"没有任何借口!"

从西点军校出来的学生，许多人后来都成为杰出将领或商界奇才，不能不说这是"没有任何借口"的功劳。

真诚地对待自己和他人是明智和理智的行为。有些时候，与其为了寻找借口而绞尽脑汁，还不如对自己或他人说"我不知道"。

这既是诚实的表现，也是对自己和他人负责的表现。

对此，齐格勒说："如果你能够尽到自己的本分，尽力完成自己应该做的事情，那么总有一天，你能够随心所欲地从事自己要做的事情。"

进入公司，就意味着在你的人生中，你每天都要用结果来交换自己的工资，也要用结果来证明自己的价值。结果怎样，与其他人无关，只在于你是不是一名合格的员工或合格的管理者，在于你是不是真正对企业、对自己有价值!

请记住，任何伟大的人生都是你每天结果的不断累加。没有每天的结果，就没有人生结果的伟大。这就充分说明，你的人生价值完全掌握在你的手中!

夏小天快大学毕业时，被安排在一艘驱逐舰上实习。

这艘舰艇是 3 艘姊妹舰中的一艘，它们出自同一家造船厂，来自同一份设计图纸，在 6 个月的时间里先后被配备到同一个战斗群中去。

派到这 3 艘舰艇上的人员来源也基本相同。船员们经过同样的训练课程，并从同一个后勤系统中获得补给和维修服务。

唯一不同的是，经过一段时间后，3 艘舰艇的表现却参差不齐，结果也迥然不同。

其中一艘似乎永远无法正常工作，它无法按照操作安排进行训练，在训练中的表现也很差劲。船很脏，水手的制服看上去皱皱巴巴，整艘船弥漫着一种缺乏自信、沉闷的气氛。

第二艘舰艇表现平平，也没有可圈可点之处。

但第三艘舰艇却和那两艘舰艇的表现有明显不同，它从来没有发生过大的事故，在训练和检查中表现良好。最重要的是，每次任务都完成得非常完满。船员们也都信心十足、斗志昂扬。

造成这 3 艘舰艇不同表现的原因在哪里？夏小天写实习报告时，下了这样的结论：第一艘舰艇之所以不能正常工作，是因为舰上的指挥官和船员们总是找借口："发动机出问题了！"或者："我们不能从供应中心得到需要的零件。"对结果没有敬重感。表现最好的舰艇则从来不找借口，总是齐心协力地拿出最好的结果。

同样的事例也能在沃尔玛连锁店的经营中获得证明。每一个特许经营授权人都会明确地告诉你，连锁经营这种模式最令人不可思议的一点，就在于每个连锁店的经营状况都不一样。

可他们无法解释：为什么两个处在类似位置，拥有相同的运营系统、市场策略、设备、技术和市场定位的连锁店，其经营结果却大相径庭呢？

表现不好的连锁店常常会找借口，把原因归结到店铺位置、个别店的特殊性或者本地区客户的特别态度上。但是，在任何一个具备一定规模的连锁店网络中，你总能发现一家虽然坐落的位置更差却表现得更出色的店，也能找到那些具有同样问题但表现仍然出色的店。

表现不好的所有理由，实际上都是站不住脚的。同时，表现优秀的人总能够找到令表现不好者头痛不已的所有问题的解决方法。

成功的员工一定是不找借口的员工，他们关注结果，并想尽一切办法去获得结果。他们只在意自己是否做了正确的事情，而不愿意为花费精力和资源却没能带来效果的事情找理由。

亚斯原来是一名普通的银行职员，后来受聘于一家汽车公司。工作半年之后，他想试试是否有晋升的机会，于是直接写信向老板杜兰特先生毛遂自荐。老板给他的答复是："任命你负责监督新厂机器设备的安装工作，但不保证加薪。"

亚斯没有受过任何工程方面的培训，根本看不懂图纸。但是，他不愿意放弃任何机会。于是，他发挥自己的上司才能，自己花钱找到一些专业技术人员完成了安装工作，并且提前了一个星期。结果，他不仅获得了提升，薪水也增加了10倍。

"我知道你看不懂图纸，"老板后来对他说，"如果你随便找个借口推掉这项工作，我可能会让你走人。我最欣赏你这种对工作不找任何借口，只拿结果来复命的人！"

无论什么工作，都需要这种不找任何借口去执行的员工。对每个职场中的人而言，无论做什么事情，都要牢牢记住自己的责任，无论在什么样的工作岗位上，都要对自己的工作负责。不要用任何借口来为自己开脱，执行任务是不需要任何借口的。

正确做事，更要做正确的事

就像世界上出现锁之后就必然有与之相应的钥匙一样，问题与方法也是共存的。而如何找到最合适、最高效的工作方法，是每一个员工需要认真对待的问题。我们的工作，其实就是通过不同的手段，达到解决问题、实现目标的过程。在这个过程中，选择好的方法至关重要。因为在正确方法的指导下，我们能以最少的时间、最少的资源达到自己的目标。这样做，不仅为我们节省了时间，更使我们在与别人的竞争中占尽先机，处于领先地位。

"正确地做事"强调的是效率，其结果是让我们更快地朝目标迈进。"做正确的事"强调的则是效能，其结果是确保我们的工作始终是在坚实地朝着自己的目标迈进。效率重视的是做一件工作的最好方法。如果我们有了明确的目标，确保自己是在"做正确的事"，接下来要"成事"，就是"方法"的问题了。

优秀的员工就是能正确做事，更懂得做正确的事的人。他们十分注重工作方法，张弛有度。他们非常清楚自己的生活方向，他们也善于安排时间、控制节奏，知道自己该在什么时间做什么事情。即便再忙，他们的工作与生活也极有规律。

"正确地做事"与"做正确的事"有着本质的区别。"正确地做事"是以"做正确的事"为前提的，如果没有这样的前提，"正确地做事"将变得毫无意义。首先要做正确的事，然后才能正确地做事。试想，在一个工业企业里，员工在生产线上按照要求生产产品，其质量、操作行为都达到了标准，他是在正确地做事。但是，如果这个产品根本就没有买主，没有用户，这就不是在做正确的事。这时，无论他做事的方式方法多么正确，其结果都是徒劳无益的。

要正确做事，更要做正确的事，这不仅仅是一个重要的工作方法，更是一种很重要的管理思想。任何时候，对于任何人或者组织而言，"做正确的事"都远比"正确地做事"重要。对企业的生存和发展而言，"做正确的事"是由企业战略来解决的，"正确地做事"则属于执行问题。如果做的是正确的事，即使执行中有一些偏差，其结果可能不会致命；但如果做的是错误的事情，即使执行得完美无缺，其结果对于企业来说也肯定是灾难。

对企业而言，倡导"正确做事"的工作方法和培养"正确做事"的人与倡导"做正确的事"的工作方法和培养"做正确的事"的人，其行为效果是截然不同的。前者是保守的、被动接受的，而后者是进取创新的、主动的。

麦肯锡公司资深咨询顾问奥姆威尔·格林绍曾指出："我们不一定知道正确的道路是什么，但却不要在错误的道路上走得太远。"这是一条对所有人都具有重要意义的告诫，他告诉我们一个十分重要的工作方法，如果我们一时还弄不清楚"正确的道路"（正确的事）在哪里，那就先停下手头的工作吧，先找出"正确的事"。

找出"正确的事"这个过程就是解决一个个问题的过程。有时候，一个问题会摆到你的办公桌上让你去解决。问题本身已经相当清楚，解决问题的办法也很清楚。但是，不管你要冲向哪个方向，想先从哪个地方下手，正确的工作方法只能是：在此之前，请你确保自己正在解决的是正确的问题——因为很有可能，它并不是先前交给你的那个问题。

其实，让工作高效卓越的方法是有机而复杂的，就跟医学问题一样。病人到医生的办公室说自己有一点发烧。他会告诉医生自己的症状：嗓子痛、头疼、鼻子堵塞。医生不会马上就相信病人的结论。他会翻开病历，问一些探究性的问题，然后再做出自己的诊断。病人也许是发烧，也许是感冒，还可能得了什么更严重的病，但医生不会完全依靠病人自己对自己的判断进行诊断。

所以，要搞清楚交给你的问题是不是真正的问题，唯一的办法就是更深入地挖掘和收集事实。

这也是优秀员工的工作原则：要正确做事，更要做正确的事。

第九章　勇于承担也要守规则

责任是一种动力

一个没有主人翁精神的员工，在公司很难被委以重任。你承担的责任越多，职位才更高，薪水也就更多，一个人的地位和收入通常与他所承担的责任成正比。决定一个人成功的最重要因素不是智商、上司力、沟通技巧、组织能力、控制能力等，而是一个人的责任心。

一位王子半夜起来去看望生病的父亲。在父亲的房间里，他看到一个仆人正紧紧地抱着父亲的拖鞋睡觉。他不明白这个仆人在做些什么。

于是，他上去试图把那双拖鞋从仆人手里拽出来，却把仆人给惊醒了。他问仆人为什么要抱着父亲的鞋子睡觉，仆人说："我怕主人有事出去，而我不知道，这样主人会着凉的。"王子被这个仆人的责任心感动了。不久，他便把那个仆人任命为自己的贴身侍卫。

王子对于仆人的信任正是源于他的负责精神。任何团体都不需要逃避责任的员工，同样社会也不能接纳不负责任的人。一个企业的老板在谈及他心目中的优秀员工时说："有责任意识的员工才是优秀的员工，处在某一职位、某一岗位的干部或员工，能自觉地意识到自己所担负的责任。有了自觉的责任意识之后，才会产生积极、圆满的工作效果。没有责任意识或不能承担责任的员工，不可能成为优秀的员工。"

没有责任，就没有压力；没有压力，就没有动力。各行各业都需要全心全意、尽职尽责的人。年轻人应该记住：无论做什么工作，都要沉下心来，脚踏实地去做。一个不愿承担责任的人是不可能得到大多数上司的赏识的，更不可能创造出卓越的成绩。

一艘返航的空货轮在大海上行驶时，突然遭遇巨大风暴。船长下达命令："打开所有货舱，往里面灌水。"

水手们担心地说："往船里灌水很容易造成倾船，这不是增加危险系数吗？"

船长自信地说："我有经验，这个办法绝对可行，你们就按我说的做！"

水手们半信半疑地照着做了。虽然狂风巨浪非常猛烈，但随着货舱里的水越来越多，货轮却渐渐地平稳下来。

船长告诉水手："一只空木桶，是很容易被风吹翻的。如果装满水负重了，风是吹不倒的。船在负重的时候，是最安全的，而空船才是最危险的。"

由此可见，那些负重的人大多都遇事坚定，是沉重的责任感让他们的人生脚步更加坚稳。而那些不愿意承担责任的人，遇事就很容易失去分寸，乱成一团。责任可以使人卓越。一个不负责任、没有责任意识的人，不但不会为自己所在的团体做出贡献，而且会给团体带来很大的损失。

一位大型超市的经理到超市里视察工作，正好碰到一位员工和一个顾客发生争执。问及原因才知道，这位结账员对前来购物的顾客极为冷淡，还因顾客的询问发了脾气，顾客对她的服务很不满意，因此发生了争吵。

经理对这位员工说："为顾客服务，让顾客满意，并让顾客下次还到我们这里来，这就是你的责任。不管顾客的态度如何，你都应该做到热情服务。你的所作所为会让我们的顾客感到很不舒服。你这样做，不仅没有承担起自己的责任，而且使超市的信誉和利益蒙受了损失。你这种不负责任的工作态度，使我们公司对你失去了信任。现在，你可以离开了。"

责任意识让你表现更卓越

现在，很多年轻人都害怕担负责任。虽然他们内心怀着对上司角色的渴求，但又羞于承认或公开讨论。在这个世界上，每一个人都扮演着不同的角色，而每一种角色又都承担着不同的责任。从某种程度上说，对角色饰演的最大成功就是对责任的完成。你的职位越高、权力越大，你肩负的责任就越重，不要害怕承担责任。年轻人，要将责任根植于内心，让它成为一种强烈的意识。在日常行为和工作中，这种责任意识会让你表现得更加卓越。

逃避自己理应承担的责任和义务，就很难赢得别人的尊重和信任。谁逃避自己的责任，谁就会被命运捉弄。谁拒绝承担组织和团队中所应负的责任和义务，谁就会被淘汰出局。威灵顿曾说："我来到这里是为了履行我的责任，除此之外，我既不会做也不能做任何贪图享乐的事。"

年轻人应该清楚地意识到自己的责任，并勇敢地扛起它。世界上最愚蠢的事情就是推卸自己的责任。巴顿将军说过："自以为了不起的人一文不值。遇到这种军官，我会马上调换他的职务。每个人都必须心甘情愿地为完成任务而献身。"

巴顿将军在他的战争回忆录《我所知道的战争》中讲述了一件事。

我要提拔人时，常常把所有的候选人排到一起，给他们提一个我想要他们解决的问题。我说："伙计们，我要在仓库后面挖一条战壕，8 英尺长，3 英尺宽，6 英寸深。"我就告诉他们这么多。我有一个有窗户或大节孔的仓库。候选人正在检查工具时，我走进仓库，通过窗户或节孔观察他们。我看到伙计们把锹和镐都放在仓库后面的地面上。他们休息几分钟后，开始议论我为什么要挖这么浅的战壕。他们有的说 6 英寸深怎么能够当火炮掩体，其他人争论说这样的战壕太热或太冷。如果伙计们是军官，他们会抱怨他们不该干挖战壕这么普通的体力劳动。最后，有个伙计对别人下命令："让我们把战壕挖好后再离开这里吧。那个老家伙想用战壕干什么都没关系。"

最后，我重用了这个伙计。

这个人得到重用一点也不奇怪，因为只有他严格地履行了自己的职责。每位学员在初进西点军校时，都要宣誓忠诚。西点的"不容忍"条款每天都提醒学员记住，要承担起神圣的职责，它远高于个人感情或友情。放弃承担责任，或者蔑视自身的责任，这就等于在可以自由通行的路上自设障碍，摔跤绊倒的只能是你自己。责任就是对自己所负使命的忠诚和信守。

亨利毕业于西点军校，在校期间，他表现一直很好。毕业后，他在战场上屡次立功，成为一名炮兵指挥官，荣获"荣誉勋章"。他强烈地渴望为国效力，主动申请做陆军中校。10 年后，他辞去了军官职务，回家帮助家人打点生意。他又主动向祖父申请承担运输主管职务。后来，在他的策划下，公司重组为一家公共事业公司。

亨利对于所赋予的上司角色，勇敢地接受并珍爱有加，在与不同团队的合作中表现都很出色。

亨利就是 E. I. 杜邦的孙子亨利·阿尔杰农·杜邦。经过内战的洗礼，他在其祖父创办的火药公司做事——这就是今日科技公司巨头杜邦的前身。他还作为总裁经营了 10 年的威尔明顿与北方铁路公司。

像亨利一样，许多优秀的员工都乐于承担上司职务。他们渴望权力，并不是因为要享受特权。相反，在这些优秀员工看来，上司是导引航船必不可少的指南针，他们为身上所肩负的重大责任而无比自豪。

勇担责任赢得信任

　　勇于承担责任可以赢得别人的信任。勇担责任还会带来更多的机会，以寻找对策，确保此类错误不会再次发生。勇于负责是一种精神，也是卓越的原动力。一个人承担责任，并时刻保持一种高度的责任感，也会影响到其他人，而且还可以为你赢得更多的成功机会。

　　林肯之所以被誉为"最完美的统治者"，就是因为他永远不批评、责怪或抱怨别人的完美品质。

　　南北战争期间，林肯曾经更换了好几次将军——马克克兰、波普、伯恩赛德、胡克，还有米地。但这些将军接二连三的失败，几乎使林肯陷入绝境。所有的人都在指责这些将军的能力。但林肯却说："是我自己用人不当。"

　　1865年4月15日，亚伯拉罕·林肯躺在一家廉价租房的床上，他已经到了死亡的边缘。当林肯的生命结束的那一刻，陆军部长史丹顿怀着崇敬的口气说："这里躺着的是人类有史以来最完美的上司。"

　　由此可见，正是林肯勇于承担责任的精神为他赢得了众人的尊敬。在营救驻伊朗的美国大使馆人质的作战计划失败后，当时美国总统吉米·卡特即在电视里郑重声明："一切责任在我。"仅仅因为这句话，卡特总统的支持率骤然上升了10%以上。做下属的最担心的就是做错事，特别是花了很多精力又出了错。而在这个时候，上司的一句"一切责任在我"，对下属是极大的鼓舞。

现在，很多人认为主动承担失败的责任是傻子的行为。对于责任，谁都不主动去承担，而对于受益颇丰的好事，邀功领赏者不乏其人。负责任是一个人成熟的标志，只有真正的聪明人才会对自己的言行负责，对团队的失败负责。因为他们把握自己的行为，做自我的主宰，也因此得到了别人的信任和赞赏。

如果一个人会将某个问题或某次挫败揽在自己身上，其他人自然会受到这种直率态度的感化，从而付出更大的努力来弥补错误所带来的损失。承认失败就意味着有机会教会别人怎样做得更好。

格里在西尔公司当采购员时，曾经犯下了一个很大的错误。

该公司对采购业务有一项非常重要的规定：采购员不可以超过自己的采购配额。如果采购员的配额用完了，就不能再购新的商品，要等到配额拨下后才能进行采购。

在某次采购季节中，有一位日本厂商向格里展示了一款很漂亮的手提包。格里身为采购员，以他的专业眼光来看，这款手提包一定会成为流行商品。可是，这时格里的配额已经用完了，他突然后悔起自己之前不应该冲动地把所有的配额用光，导致现在无法抓住这个大好机会。

格里知道自己现在只有两种选择：一种是放弃这笔交易，虽然这笔交易肯定会给公司带来极高的利润；另一种向公司主管承认自己的错误，然后请求追加采购金额。

格里决定选择第二种方法。他一进主管的办公室，就对主管坦承："很抱歉，我犯了个大错。"然后，他就将事情从头到尾解释了一遍。

虽然主管对格里花钱不眨眼的采购方式颇有微词，但还是被他的坦诚说服了，并且拨出需要的款项。

结果，手提包一上市，果然受到消费者热烈的欢迎，成为公司的畅销商品。

格里的做法是明智的。如果犯了错，就要有承担责任的心理准备。如果因为害怕被责备而不愿意承认错误，那结果就可能失去更多的大好机会。

承担更多的责任

如果你有能力承担更多的责任，就别为只承担一份责任而庆幸，因为你只知道这样会很轻松，但却不知道会为此而失去更多的东西。

如果你有能力承担更多的责任，而你庆幸自己只承担了一份，那么，你首先是一个不愿意承担责任的人；其次，你拒绝让自己的能力有更大的进步，甚至是对自己有所超越；再次，你先放弃了自己，然后放弃了能够承担更多责任的义务；最后，你辜负了别人也辜负了自己，因为你的能力永远由责任来承载，也因责任而得到展现，你与成功的距离不但不会接近，反而会一天天拉远。

乔治到一家钢铁公司工作还不到一个月，就发现很多炼铁的矿石并没有得到完全充分的冶炼，一些矿渣中还残留不少没有被冶炼好的铁。如果这样下去的话，公司岂不是会有很大的损失。

于是，他找到负责这项工作的工人，说明了问题。这位工人说："如果技术有了问题，工程师一定会跟我说。现在，还没有哪一位工程师向我说明这个问题，说明现在没有问题。"

乔治又找到负责技术的工程师，对工程师说明了他看到的问题。工程师很自信地说，我们的技术是世界一流的，怎么可能会有这样的问题。工程师并没有把他说的看成是一个很大的问题，还暗自认为，一个刚刚毕业的大学生能明白多少，不过是因为想博得别人的好感而表现自己罢了。

但是，乔治认为这是个很大的问题。于是，他拿着没有冶炼好的矿石找到了公司负责技术的总工程师。他说："先生，我认为这是一块没有冶炼好的矿石，您认为呢？"

　　总工程师看了一眼，说："没错，年轻人，你说得对。哪里来的矿石？"

　　乔治说："是我们公司的。"

　　"怎么会，我们公司的技术是一流的，怎么可能会有这样的问题？"总工程师很诧异。

　　"工程师也这么说，但事实确实如此。"乔治坚持道。

　　"看来真是出问题了。怎么没有人向我反应？"总工程师有些发火了。总工程师召集负责技术的工程师来到车间，果然发现了一些冶炼并不充分的矿石。经过检查发现，原来是监测机器的某个零件出现了问题，才导致了冶炼不充分。

　　公司的总经理知道这件事之后，不但奖励了乔治，而且还晋升乔治为负责技术监督的工程师。总经理不无感慨地说："我们公司并不缺少工程师，但缺少的是负责任的工程师。这么多工程师就没有一个人发现问题，而且有人提出了问题，他们还不以为然。对于一个企业来讲，人才是重要的，但更重要的是真正有责任感的人才。"

　　乔治从一个刚刚毕业的大学生成为负责技术监督的工程师，可以说是一个飞跃。他能获得工作之后的第一步成功，就是来自于他的责任感。正如公司总经理所说的那样，公司并不缺少工程师，并不缺乏能力出色的人才，但缺乏负责任的员工。从这个意义上说，乔治正是公司最需要的人才，他的责任感让他的上司认为可以对他委以重任。

　　如果你的上司让你去执行某一个命令或者指示，而你却发现这样做可能会大大影响公司利益，那么你一定要理直气壮地提出来，不必去想你的意见可能会让你的上司大为恼火或者就此冲撞了你的上司。大胆地说出你的想法，让你的上司明白，作为员工，你不是在刻板地执行他的命令，你一直都在斟酌考虑，考虑怎样做才能更好地维护公司的利益和上司的利益。同样，如果你确实有能力为公司创造更多的效益或避免不必要的损失，你也一定要付诸行动。要知道，很少有哪一个上司会因为员工的责任感而批评或者责难你。相反，你的上司会因为你的这种责任感而对你青睐有加。因为一种职业的责任感会让你的能力得到充分的发挥，这种人将被委以重任，而且大概也永远不会失业。

一家人力资源部主管正在对应聘者进行面试。除了专业知识方面的问题之外，还有一道在很多应聘者看来似乎是小孩子都能回答的问题。不过，正是这个问题将很多人拒之于公司大门之外。题目是这样的：在你面前有两种选择，第一种选择是，担两担水上山给山上的树浇水，你有这个能力完成，但会很费劲。还有一种选择是，担一担水上山，你会轻松自如，而且你还会有时间回家睡一觉。你会选择哪一个？

很多人都选择了第二种。

当人力资源部主管问道："担一担水上山，没有想到这会让你的树苗很缺水吗？"遗憾的是，很多人都没想到这个问题。

一个小伙子却选了第一种做法。当人力资源部主管问他为什么时，他说："担两担水虽然很辛苦，但这是我能做到的。既然能做到的事，为什么不去做呢？何况，让树苗多喝一些水，它们就会长得很好。为什么不这么做呢？"

最后，这个小伙子被留了下来。而其他的人，没有通过这次面试。人力资源部主管是这么解释的："一个人有能力或者通过一些努力就有能力承担两份责任，但他却不愿意这么做，而只选择承担一份责任，因为这样可以不必努力，而且很轻松。这样的人，我们可以认为他是一个责任感较差的人。"

当你能够尽自己的努力承担两份责任时，你所得到的收获可能就是绿树成林。相反，你看起来也在做事，可是由于没有尽心尽力，你所获得的可能就是满目荒芜。这就是责任感不同的差距。

这个题目很简单，但里面蕴含着丰富的内容。往往越是简单的问题，越能看到一个人本质的那一面。因为简单，就不考虑，就更是出自内心的真实回答，就越能检验出一个人的真实品性。

善待自己的工作

人生的幸福不是完全靠金钱堆出来的，而是潜藏在工作的快乐中。当然，这种工作的幸福，不排除自己适合某种工作有了兴趣的支点，找到了人生方向。然而，善待自己的工作，实践起来并不是很简单。由于工作性质和收入的差距，很多人难免会怠慢自己的工作。

一次，关联社团收银机公司出现销售下滑的现象，业务经理召集所有的销售代表，请他们谈谈下滑的原因。

有的代表说："我负责的那片区域遭逢干旱，生意受到很大影响，而我们的竞争对手采取了削价策略。还有，因为今年总统大选，在没出结果之前，大家的兴趣都不在收银机上。"大家七嘴八舌地讨论着。

业务经理说："这些情况我都了解，但今年内要解决的不是这些。我听说了一些小道消息，说我们将削减财务人员等。而这些都不是事实，我们的问题也不出在这。"说到此处，他派人叫来那位替员工擦皮鞋的小男孩。他让那位小男孩站在桌子上，给了他一角钱的硬币，说："我现在问你一些问题，别紧张，如实回答。"

"你几岁？"

"12岁。"

"你在公司擦皮鞋多久了?"

"9 个月。"

"擦一次多少钱?"

"20 分钱,但有时能得到一点小费。"

"你之前的那个男孩是谁? 他多大啦?"

"他叫泰迪,15 岁。"

"你知道他为什么离开吗?"

"他说他无法维持生活。"

"你一次挣 20 分钱,能维持生活吗?"

"可以的,先生。我每个星期五给我妈妈 20 元钱,自己存 15 元钱,留 2 元作为零花钱。有时赚得多,我就攒起来,准备买一辆脚踏车,我妈妈还不知道这件事。"

"谢谢你,你为我们做了一次很好的演讲。"他把小男孩抱下来,然后面对所有的人说:"各位请注意,这个男孩的工作过去是由比他大 3 岁的男孩来做的。可那个男孩因为不能维持生活而打了退堂鼓,而我们眼前的这个男孩却可以挣到那么多钱,而且非常有计划。我们看到,他们的工作没有变,那究竟是什么变了?"

他扫视了会场一圈,说:"我看是心态变了,是责任心变了。"

通过这个故事,我们可以看出:当我们不能善待自己的工作时,理由和借口就会随之而来,长此以往,我们就会丧失竞争力,最终被社会淘汰。因此,要善待我们的工作,要把工作当成生命的一部分,必须真心热爱、真情投入,以苦为乐、淡泊名利,并不以长年累月的辛勤工作为苦,反而甘之如饴。

千万不要推卸自己的过错

千万不要推卸自己的过错，逃避自己应承担的责任。发现错误的时候，不要采取消极的逃避态度，而应该想一想自己应怎样做才能最大限度地弥补过错。人们习惯于为自己的过失寻找各种借口，以为这样就可以逃脱惩罚。有些员工总是强调，如果别人没有问题，自己肯定不会有问题，借机把问题引到其他人身上，用以减轻自己对责任的承担。正确的做法应该是，承认它们，分析它们，并为此承担起自己的责任，把出现的损失降到最低点。面对错误，更重要的是利用它们，要让人们看到你如何承担责任，如何从错误中吸取教训。没有谁能做得尽善尽美，但是，一个主动承认错误的员工至少是勇敢的，会被每一个人尊重。

第二次世界大战末期，美、英、加等反法西斯同盟国集结了近300万人的兵力，于1944年6月到7月在法国北部诺曼底地区进行了世界战争史上规模最大的战略性两栖登陆作战，目的是为盟国军队大规模登陆西欧、开辟第二战场、配合苏军在东线的进攻和最终击败纳粹德国创造条件。

盟军在诺曼底胜利登陆之后，指挥这场战役的最高统帅艾森豪威尔将军发表了演讲："我们已经胜利登陆，德军被打败。这是大家共同努力的结果，我向大家表示感谢和祝贺！"

可是，谁也不知道，在登陆前，除了这份演讲稿外，艾森豪威尔还准备了另一份截然相反的演讲稿，那其实是为一旦登陆失败而准备的演讲稿。内容同样简单，与胜利演讲稿相比却发人深省："我很悲伤地宣布，我们登陆失败了。这完全是我个人决策和指挥的失败，我愿意承担全部责任，并向所有的人道歉。"

两篇截然不同的演讲稿，让我们感受到了一个叱咤风云的将军的大将风范。风范的本质并非来源于将军一呼百应的权力，而是他伟大的人格魅力和宽广的胸襟。胜利时，他将功劳归于大家，这是一种谦虚豁达的胸怀；失败时，他却将责任揽在自己身上，这种在失败面前勇于承担责任的胸怀更值得世人敬佩。

艾森豪威尔由于在二次大战中战功赫赫而被晋升为陆军五星上将。1952 年，他参加总统竞选，以压倒多数当选。大多数民众将神圣的选票投给他的原因是，他们认为"只有有责任感的人才能成为擎起世界的人"。

考验一个人的灵魂的，并不是他在顺境与成功时说了什么或做了什么，而在于他在困难与失败面前是否敢于战胜虚荣与懦弱，勇敢地承担起责任。生活中，有时候需要勇气承担责任，而不是为自己辩解，人们更愿意宽容一个认错的人，而推诿与狡辩是不会有什么好处的。

在荣誉面前不揽功，在失败面前不诿过，这是一种高尚的人生境界。不管是在职场还是在家庭中，当一个人具备了这种境界，他一定是个有责任感的人，同时也是最能赢得人心、让人肃然起敬的人。

在漫长的职业生涯中，没有哪个人可以保证不犯一丝错误。"人非圣贤，孰能无过，知错能改，善莫大焉。"既然错误无法避免，那么可怕的并不是错误本身，而是怕错上加错、不敢承担责任。

李强和陈明新到一家速递公司，被分为工作搭档。他们工作一直都很认真努力，老板也对他们很满意。然而，一件事却改变了两个人的命运。一次，李强和陈明负责把一件大宗邮件送到码头。这个邮件很贵重，是一个古董，老板反复叮嘱他们要小心。到了码头，李强把邮件递给陈明的时候，陈明却没接住，邮包掉在了地上，古董碎了。

老板对他俩进行了严厉的批评。"老板，这不是我的错，是李强不小心弄坏的。"陈明趁着李强不注意，偷偷来到老板办公室对老板说。老板平静地说："谢谢你陈明，我知道了。"随后，老板把李强叫到了办公室。"李强，到底怎么回事？"李强就把事情的原委告诉了老板，最后李强说："这件事情是我们的失职，我愿意承担责任。"

李强和陈明一直等待处理的结果。老板把李强和陈明叫到了办公室，对他俩说："其实，古董的主人已经看见了你俩在递接古董时的动作，他跟我说了他看见的事实。还有，我也看到了问题出现后你们两个人的反应。我决定，李强留下继续工作，而陈明你明天就不用来上班了。"

勇于承担责任，也就是负责任的能力，是职场中的最重要的素质之一！主动承担失败的责任的下属，比那些在失败面前寻找各种理由的下属，往往更受老板的器重和信赖！没有责任感的军官不是合格的军官，没有责任感的员工不是优秀的员工。缺乏责任感难免会失职，员工与其为自己的失职寻找各种借口，倒不如坦率地承认自己的失职。敷衍塞责，找借口为自己开脱，会让老板觉得你不但缺乏责任感，而且还不愿意承担责任。老板更希望能找到对自己忠诚，对工作认真负责的下属，而不是遇事就躲，卖弄口舌的怕死鬼。

任何事情其实都有它的两面性，错误也不例外，关键就在于你从什么样的角度去看待它，以怎样的态度去处理它。只要你能以正确的态度勇于承担责任，错误不仅不会成为你发展的障碍，反而会成为你向前的推动器，促使你不断地、更快地成长。

小刘在一家工厂任技术员。经过几年的实践锻炼，他在老同志的帮助下取得了一定的成绩，并且被提拔成车间副主任，负责车间的生产技术工作。

有一次，车间的生产线发生了一些问题，产品质量也受到影响。他看过之后，便立即断言是原料的配比不合适，认为在投放新的一家企业提供的原材料后，原有的配比必须改变。但调整之后，情况仍不见好转。此时，另一位技术人员提出了不同的见解，认为问题的症结并不是新的原料或原料配比不合适，而在于设备本身的问题。对此，小刘从内心觉得技术员的看法很合理。但是，他觉得自己是负责全车间技术与工艺的上司，如今自己的判断出现了失误，就难免会承担一定的责任。

为了逃避责任，他一方面继续坚持自己的看法，另一方面也布置专人对设备进行必要的维修和调整。但是，由于贻误了时机，问题最终还是爆发了，给公司造成了巨大损失。最后，小刘在羞愧之中提出了辞职。

第十章　职场晋升规则

为晋升机会做准备

为机遇做准备，并不是一件困难的事情。虽然你还只有 20 多岁，但已经到了要为未来做打算的时候。为此，你只要在以下几个方面注意就可以了。

1. 身体健康

"身体是革命的本钱"，当然，身体也是你获得晋升的本钱，这一点无须再做进一步的说明。

尽管你有很好的才干，但如果你体质虚弱的话，老板还是不愿把重任交给你的，因为他会怀疑你的身体能否承受这样的负担，担心你会误了大事。力不从心是最悲哀的。因此，为机会来临所做的第一项准备，就是保持强健的体魄。

充足的睡眠、适当的运动和均衡的营养，是 3 大保健要素，缺一不可。另外，每年进行一次身体健康检查，也有助于你及时发现潜伏性疾病，以便迅速采取必要的治疗措施。

现代都市人的娱乐生活往往离不开看电影、逛街、搓麻将等，因而完全不理会精神与体能的运动均衡，这是非常有害的。不充分注意这一点，就会令人在不知不觉间使精神负荷过重，体能也越来越衰弱。神经衰弱会让人无法担负起更大的责任，而且也会使人容

219

易遭受各种挫折的打击，变得一蹶不振，就更谈不上能有大的发展了。

改善上述缺点的有效方法，一是要注意精神松弛，保持轻松愉快的心情；二是别太执著于得失对错，能不想的事情就别去想它；三是学会体谅别人，"得饶人处且饶人"，多从别人的角度去考虑问题。真能做到这 3 点，你的精神负担就不会那么重了。

另外，也要适当进行运动。俗话说"生命在于运动"、"流水不腐"等，就是这个道理。

如果没有时间去公园跑步，可以购买一些简易的健身器材，放在家里，在临睡前或起床后，每天固定做半小时运动，使身体有机会排泄汗水，然后再洗一个澡，精神和肌肉就会得到理想的松弛。

2. 人际关系良好

人际关系是由人与人之间的各种紧密联系组成的。如果一方主动伸出友谊之手，而另一方毫无反应，就无法建立良好的关系。我们常说，"感情是相互的"，就是这个道理。

有些人只选择有影响力的人做朋友，而看不起那些职位卑微的人，这是晋升的大忌。

在现代社会，人与人在人格和尊严上是平等的，并没有什么高低贵贱之分。假如"狗眼看人低"的话，就会自食苦果，这种人不会有市场，人们根本也不会买账。因此，不要人为地制造一些升迁的障碍。请记住，人际关系不好的人是无法得到升迁的。

所谓"十年河东，十年河西"，万事万物都处在不停的发展变化之中。人的前途也是如此，不会一成不变。今天的实习生，凭着个人的努力，明天就可能爬上高位，比你还光耀。

因此，你要用发展的眼光来看待自己周围的人。不要小觑任何人，没准儿别人的发展前途比你现在要好得多。此一时，彼一时，绝不可犯"探视症"。

人际关系是否良好，直接影响你的晋升机会。一些潜在的因素姑且不论，单就表现来说，某些职业明显要求员工具备良好的人际关系，从而对公司的经营有利。和外界的关系越好，你获得的加薪幅度就越大，晋升的机会也越多。

建立良好人际关系的秘诀有 4 个字：主动、热忱。虽然你不一定要做到"爱你的敌人"，但是，在最低限度上，你也不要抨击他。这样做，实际上对你本人好处更大，因为可以让他疏于防范。即使为自己考虑，你也不要使更多的人对你戒备森严、虎视眈眈。

3. 学会克制自己

在人生的过程中，你必定会遇到许多看不顺眼的事，同时也会遇到不少利益的诱惑，甚至做出过于激烈的反应和悖理的行为。这种行为，有可能直接影响你的事业和前途。因此，你必须具备克制自己的能力，免得一败涂地。

比如，盗用公款在一般人看来算不上什么。其实，这是非常严重的办公室罪行。无论所盗款项的数目是多少，性质都是一样的，其行为必然被判断为不可信任。有了这种印象之后，老板永远都不会晋升你。

由此，"一失足成千古恨，再回首已百年身"，若想挽回残局，比登天都难。

因此，在工作之前，必须确定自己的目标。这个目标，不是眼前诱人的钞票，而是更大更远的长久利益。

此外，对于一些意气之争，应当以平静的心情去处理，这样反而能获得更好的结果。如果互相谩骂，甚至拳脚相加，只能适得其反，给人留下可怕的印象，使自己的形象受损。

4. 严守纪律

大多数老板非常重视员工的时间观念，也将其列入加薪和晋升的考虑根据。当然，老板本人有可能并不守纪律，但这并不等于说，下属也可以这样做。

务必了解老板对下属的要求，尽量做到严守公司的纪律，这是你为升职加薪必做的准备之一。因为严守纪律，别人才会对你表示服从和服气。如果被升迁的人没有纪律观念，散漫异常，员工们必然不服，因而这种人的晋升之路是很难走的。

5．主动寻找问题

无风无浪、没有挑战性的工作，干起来尽管轻松顺利，但却不能显示你具有更佳的潜质。商业社会是"攻"的世界，只重"守"的人是不能达到更远大的目标的，更谈不上脱颖而出。

因此，假如你所从事的是一份稀松平常的工作，就应当在平淡的工作之中不断寻找出新问题，使老板能注意到你的进取精神。

这种进取精神，会使老板感到你是一个取之不尽、用之不竭的宝藏，因而对你会更加器重，也会想着把你提升到一个更高的职位。

当然，你所发掘和创新的事，必须有丰富而充分的证据支持。假如胡乱创新，老板就会认为你是在浪费他的时间和金钱。如果三番五次都是这样的话，老板肯定会很厌恶你。

6．关于解决问题

老板所需要的员工，除了擅长于发掘和创新之外，也要具备解决问题的实际能力。

对于现实存在的问题，或经由你发掘和创新的问题，如果你能够提出周密、详尽的解决方案，或者给出别具匠心的方案，就可能得到老板的赏识，从下层中脱颖而出，为你的升迁铺平道路。

要善于解决问题，这就需要企业新人平时多留心周围的事物，多思考，多用心，而且要注意学习新知识，遇到问题多问为什么，经常尝试设想解决方案，并论证其可行性。只有坚持锻炼，方能在实际解决问题时游刃有余。

熟悉公司的晋升规则

不管哪一个公司和部门，都有自己的一套用人升职的规律和程序。熟悉这些规程，将有助于你的晋升。

1. 推荐委任

一般情况下包括：单位推荐、群众推荐、侧面推荐。前两种是下级向上司的系统推荐，后一种推荐则是了解某人的单位或个人向被推荐者上司或向一个单位推荐，上司根据推荐进行考察合格后方可委任。

推荐干部往往根据工作的特殊需要，如某个岗位、某项工作、某项职务缺乏某方面的专业人才，而选拔、选举中暂时又难以发现这方面的人才，就只有通过推荐找到合适的人选。

2. 考试录用

考试录用一般具有公开性、竞争性、直接性的特点。因此，晋升追求者投机的机会是不大的。这需要你自己长期储备，综合素质和个人素质以及实践经验都应有一定的积累。

考试录用人才一般不是直接进行的，还要通过选举和委任来录用干部，一般主要是专业技术人员中的管理者、总经理秘书、助理等。

3. 民主选举

现在，群众选举越来越普遍，对个人晋升也越来越重要。选举对一个人的提拔有几方面的影响。

（1）群众选举是证明一个人的威信大小的证据。

（2）群众选举是在广泛的基础上对人才的检验，有一定的真实性，也有筛选性、竞争性。因此，只有争取多数选票，才能顺利晋升。

（3）在选举中要塑造好自己的形象，开放的人较受欢迎。

（4）制定一个全面、具体、可行、针对性强、有创意的施政纲领至关重要。所以，想以此为晋升突破口的人，平时要深入群众，了解群众的呼声和利益。

4. 招聘录用

公开招聘录用人才已越来越普遍，你有必要了解其步骤。

（1）招聘单位公开刊登招聘广告，对招聘工作的性质、业务范围和应聘人才的学历、资历、业务、年龄等方面都有一定要求，同时还写出服务地点、时间、录用程序及被录用后的待遇和权利。

（2）考核。应聘者先向招聘单位申请，然后交上自己的简历，再参加笔试、面试，考试一般包括基础知识和业务知识。

（3）根据考试成绩筛选，一般通过招聘小组进行讨论，有时还有复试，最后确定被录用者。

找出晋升的增值砝码

要想升职，一定要有点成绩或者长处，并且要选择合适的单位、合适的部门、合适的上司、合适的同事，才可平步青云。所以，你必须找出晋升的增值砝码。

1. "气质"匹配的单位

其实，每家公司也都有自己的"气质"。有的公司办事效率低，有的公司则是以赛车般的速度前进；有的公司标榜传统，有的公司却喜欢标新立异，不按常理出牌。总之，各有各的风格。

在你选择一份工作的时候，你应尽量选择公司自身文化和自己的个性比较相投的单位。假如你是个不拘小节的人，在 IBM 或大银行做事，一定不能顺心，因为你必须穿着得体，符合公司的规定。相反，像硅谷的电脑公司，它们唯一在意的是员工能否把工作做好，这样的公司往往更适合你。

只有当你选择了与自己"气质"相符的公司时，你才能较快地得到上司及同事的承认。但万一你进入了一家与你"气质"不相符的单位，如果你仍存在晋升奢望的话，出路只有一条——努力迎合单位的"气质"。

2. 心地善良的同事

在选择你的同事时，你应该选择心地善良、水平比你稍低的人更适合。心地善良的人不会加害于你，不会在你提升的关键时刻给你脚下使绊，让你栽跟头。水平低一些可以保持他们对你的尊敬和信服，从而显示你的高明之处。

在人才流动中，不少人愿意从大城市、大机关、大企业等高层部门向乡镇、区街等基层部门流动，其原因就在于要避开强者之间的竞争，寻找发展自己才能的空间。

3. 不同标准的上司

在职场中，对于起点基本一致的人来说，机会应该是相近的。但是，在现实中却有的晋升得快，有的晋升得慢，有的没有得到晋升。晋升得快的人在谈起他们的进步时，总是把上司的帮助和提携放在首位。晋升得慢的人，也往往对自己的上司流露出一种哀怨的情绪。所以，选准上司对于获得晋升是十分重要的。

选择上司时，不仅需要看上司的思想意识、他们对部下的关心程度及提携部下的能力等，还要看他们能否接受你的意愿、想法以及你的兴趣。

有一些人在工作中追求的是职务的晋升，有的人则是追求比较安定的环境，有的人是追求比较高的经济收入，还有的人是为了事业的充实，也有的是图名声。目的不同，对上司的要求自然不同，选择上司的标准当然就不一样。

有的上司年轻有为，才华学识都在平常人之上，在前程上被人普遍看好。他们积极上进，对集体荣誉看得很重。你如果跟着这种上司干，除了受累，在个人利益方面可能有些不如意。但是，一旦他被提升，不仅会给你空出位置，而且还有利于你今后的进步。这主要是因为他日益增大的权力更有利于对你的提携。还有就是，他的积极奋进的斗志和由此带来的成功，也会对你的晋升非常有利。

找找你能升职的依据

上司不会平白无故地给你升职、加薪，要这么做自然有他自己的理由和依据。虽然没有一个固定的程序能够确保你获得升职和加薪，但你要得到升职和加薪，也是要具备一定的条件的。在你具备一定的能力之后，就需要你给上司找一个让自己晋升的理由。

1. 毛遂自荐

当你知道某一职位或更高职位出现空缺并且自己完全能胜任这一职位时，保持沉默，绝不是良策，而是要学会争取，主动出击，把自己的想法或请求告诉上司，尽量使你如愿以偿。

2. 预先提醒

在正式提出问题之前，应向上司作出一两个暗示，表明你正在考虑这个问题，这样就不会在商量的时候发现他毫无准备。

如果上司确信给予你提升是出于对大局利益的考虑，那么，你将会大有希望，要把握好这次机会。若你的上司有所保留的话，你了解了其中的原因后，会发现你选择了错误的职业或这家公司并不真正适合你。

3. 用事实说话

你的要求一旦遭到拒绝，转而用辞职或不辞而别来威胁上司的做法往往会引起上司的不满。即使上司屈服于你的威胁，你也会失去他的信任。

其实，你简单地写一份报告给上司，总结一下你的工作，详尽列出你的成绩，就能使他及时了解到你的业绩，并且日后也方便查阅。

4. 向上司表明你的可取之处

要向上司说明你的提升会使他得到好处，你确需动一番脑筋。

比如，可以告诉他，你的权力的扩大会使你为他完成更多的工作，可以更有效地处理你手头的事情等。

上司如何器重你

在职场上，上司总是喜欢那些任劳任怨，不乱发牢骚，勤劳肯吃苦，热情并且一丝不苟的员工。但想让老板器重你，还需要注意以下几点。

1. 虚心请教

当上司取得了丰功伟绩的时候，他周围充满了赞美声和一张张笑脸。作为下属的你如果也这么做，就不会引起上司的特别注意。所以，明智的做法是虚心请教。你可以恭恭敬敬地掏出笔记本和钢笔，真心诚意地请他指出你应该如何努力。也可以谈论上司值得骄傲的东西，向他取经。这样做，往往会博得他的好感，使他认为你是一个对他真心钦佩、虚心学习、很有发展前途的人。

2. 援助之心

上司也有上司的苦恼，他们可能会因为工作头绪繁多而忙得焦头烂额，可能会因为事业发展阻力太大而不知所措，可能会因为家庭纠纷而沮丧不已。大多数下属遇到这种情况会采取逃避的办法，他们觉得上司都解决不了，自己也无力相帮。其实，有时上司并不一定需要你的实际帮助，只要你说出一句"我来帮帮你"的话语，上司就可能会感激不已。

3. 把握恭维尺度

有些上司自恃头脑聪明、交际广泛、背景深厚，往往认定自己是一个了不起的人物，从而趾高气扬、骄傲自满，甚至目空一切、飞扬跋扈。对于这样的上司，要适度恭维。他们喜欢旁人对他歌功颂德，反感对其批评指责，甚至厌恶那些对他们的"功""德"毫无反应的人。所以，对他们不恭维不好，但恭维过度也不好。因此，在恭维时，要找准确实需要增光添彩的"闪光点"，最好郑重地讲给第三者听。这种恭维，不管是当着上司的面，还是在上司的背后讲，都能起到很好的效果。

4. 真心崇敬

有的上司对部下要求非常严格，一旦发现下属存在缺点，就会对其毫不客气地批评指出，甚至一点也不顾及下属的面子。对于这样的上司要真心诚意地崇敬他，不要因为受到批评，哪怕是不公正、不合理的批评，而对上司心存不满。如果误解了上司的批评，就相当于把"宝石"当成了"石头"。心怀崇敬，就是要觉得上司是非常高大的人，是值得尊敬的人。这样一来，在与上司的相处中，一定会让上司感到高兴，这样也会让自己得到益处。

5. 学会拥护尊重

有些上司能力平平、成绩寥寥，没有可以引以为豪的地方。但你不要因此就认定这样的上司就是不中用的人，他一定是有某些优点，所以他的上司才会提拔他。总之，不论他是否值得你敬佩，你都必须拥护他。在这种类型的上司心里，会强烈地希望得到部下的拥护。如果下属们能够对外宣传上司的优点，一旦风声传到了他的耳中，他就会更加严格地要求自己，也更加关心作为下属的你。

6. 懂得忠心耿耿

忠心在现代社会意味着值得信任。许多管理者在挑选下属时，宁可要那些具有诚实品格的人，也不会要那些非常精明能干，但跳过很多次槽的人。

7. 能够独当一面

上司的职责是使每一位员工在各自的工作岗位上发挥才能，达到部门或全公司整体上的良好效益。所以，他们迫切需要那些能够胜任工作的员工。他们喜欢员工本身具有极强的主观能动性。也就是说，自己的工作，应该自己主动解决，而不是等着上司发号施令。上面说一句，下面动一下。这样一来，上司就不得不分出精力去指导具体的工作，而不能全身心地干他应该做的工作。长此以往，你自然不会有好果子吃。

找到影响你晋升的问题

如果你很久都没有得到晋升，那就要从多方面找找原因了。

在金庸、古龙的武侠小说中，常有一些练就一身绝世武功的高手。他们钢筋铁骨，刀枪不入，但也常常会有一两处容易被人置于死地的穴道，也就是所谓的"命门"。"命门"不被人发现便罢，一旦暴露出来，性命危矣！

作为职场老手或者是新手的你，功夫练到了何种火候？你的"命门"又何在呢？若有以下某种情形，多半是命门暴露，你与晋升机会将失之交臂、

1. 身无长处

在科学与技术飞速发展的今天，如果你没有过人的天赋和超人的勤奋，那你就不要把自己塑造成一个"全才"，但必须要有一技防

身，不能身无长处。否则，你将始终与晋升无缘。

2. 缺乏团队精神

社会是由人组成的。要想办成一件大事情，一个人的力量是有限的，特别是高新技术的飞速发展，使得社会分工越来越细化，一项工作往往需要在整个团队的共同合作下才能高效率地圆满完成。所以，在未来社会中，每个人都离不开团队，离不开伙伴的合作。没有团队精神的人，自然也不会是一个受欢迎的人。

3. 毫无创新精神

在这个瞬息万变、竞争激烈的社会中，那些勇于开拓、勇于创新的人越来越受到重用。如果你是个等别人发一发指令，你才动一动的"机器人"，那么你迟早会落在被淘汰的队伍中。

4. 低效率行事

这类人动作迟缓，不会灵活适应变化。虽说他的工作态度认真负责，但在这个快节奏、高效率的激烈市场竞争中，谁还会同情你呢？当然，最后还是会被激烈的竞争大潮所淹没。

5. 求全责备于他人

每个人在工作中都可能有失误。当工作中出现问题时，同事之间应该协助去解决，而不应该只在一旁评论指责，求全责备。特别是在自己无法做到的情况下，让别人去达到这些要求，会很容易使人反感。长此以往，这种人在公司没有任何威信可言，自然也禁锢了自己晋升的脚步。

6. 失信于人

已经确定下来的事情，却经常变更，就会让别人无所适从。做出了承诺，而不能兑现，就会在大家面前失去信用。这样的人，公司也不敢委以重任。

清除妨碍你晋升的障碍

在你工作的地方，你的同事都升了职，而你却仍在原地踏步。于是，你感到很茫然，很彷徨，愤愤不平。但不知你可曾认真地在自己身上找过原因，想想自己有哪些过失？以下是职场人士最容易犯的错误，严重妨碍了他们的晋升，你是不是也有过同样的现象？你不妨对照一下，作一番自我审视，也许可以作为前车之鉴。

1. 性格缺损

小龙在他们出版社里里外外都是个公认的能人，他负责的几套丛书为出版社带来了双重效益，书商们也常常找人游说他帮着做些选题策划，并给予丰厚的报酬。按常理来说，他的资历和能力早该得到提升了，可他至今还是个普通的编辑。在他眼里，社里平庸之辈太多了，张三李四都成了他评说的对象，就连社长他也不放在眼里。于是，一到考核之时，同事们都说他不好共事，并表示自己不会到他所负责的部门工作，他成了"孤家寡人"。上司们一谈论到他，也是无可奈何地说："可惜个性太强了！"因为他的个性，他在众人眼里成了一个处处与人过不去的"反对派"，被公认为一个有工作能力却不懂得与"群众"沟通的人。可想而知，他想要晋升已经是不可能了，因为有谁还敢对他委以重任呢？

以下的一些行为也同样值得注意：爱对同事发脾气，喜欢成天抱怨，或是过于独断专行等。这种性格缺损症，对于你自己来说，只是个性的问题。可在职场上，它却是阻断你升职的障碍。那么，怎样改正这些缺点？你不妨对同事多点宽容和尊重，工作上多点合作精神，谈论工作或是提意见时多考虑些必要的"技巧"，那么升职便是自然之事了。

2. 知识老化

在某公司做了 10 多年财会工作的小琳连年获得公司优秀员工称号，是部门经理的热门人选。可最后公司高层却没有任命她，而是从外头招聘了一个善于计算机操作，说得一口流利外语的"外人"。其实，这并不是上司对小琳有什么不满，上司早就想栽培她，多年来几次提出送她去进修，可她却以工作忙并有家庭拖累为由婉拒了上司的美意。由于不及时给自己"充电"，知识日趋老化，难以应对新的挑战，自己的位置也只能"原地踏步"了。

随着科技的发展和时代的进步，会不断出现新知识、新技能，需要我们不断地"充电"，以便及时地吸收有利于自己的知识，才能使自己适应形势的发展，并立于不败之地。在不断创造出效益的同时，还可增加自己在职场上的砝码，让自己拥有更多的升职机会。

3. 私心过重

佳佳在杂志社里算得上是个拔尖人物。不久前，杂志社争取了个刊号，要再办一本财经杂志。物色主编时，佳佳是最热门的人选了。可在开会讨论时，几位上司都心存疑虑，因为大家都知道佳佳私心太重，不仅频频地与其他同事明争暗斗，还在暗地里收取"好处"，而新创刊的杂志潜藏着巨大的商机，版面有很多可利用的地方。如果私心过重，很容易在操作过程中牟取私利。基于这种顾虑，上司最后任命另一位编辑为主编。佳佳一气之下，只有一走了之。

私心过重的人往往会损害集体的利益，并影响职场中人际关系的和谐，甚至会产生腐败行为，因而这类人很难得到上司的提拔。最好的办法是把眼光放得长远些，不要为了一点蝇头小利就与同事闹得一塌糊涂，搅得公司不得安宁。

4. 太重于名利

小李供职的广告公司是集体创意、运作一体的一家大公司，每次由她呕心沥血写成的广告策划，交到主管孙女士手里后，策划人就变成她和孙女士两人。她实在气愤不过，与孙女士发生了好几次摩擦，因此受到压制，难有出头之日。

现实中只要有上下级关系存在，诸如署名问题就会经常发生。你应学得豁达一些，以事业为重，否则就只有做自由职业者了。

提升自己的价值

对于像韩信这样主动要求刘邦给升职的人，公司会有两种看法：一种是该员工为公司创造了不少价值，管理能力不错，应顺势将他提拔上去；另一种是该员工够不上升职的标准。

如果是第二种情况，下属以各种手段胁迫上司，争得更高的职务，只会朝不保夕，总有一天会被扫地出门。从现实情况看，许多公司对这些下属采用冷处理的方法，从潜意识里打击、冷落，直到下属意识到，自己无法在公司立足，自行离开。

什么是升值？升值就是价值的提升，具体包含着一个人知识和能力两个方面的提升。而对于职场人士，升职包括个人文化知识、工作经验、工作能力等各方面的提升，需要你在工作中不断积累宝贵经验，吸取教训，提高自己的文化知识素质，锻炼自己在工作中的决策、执行和应变等综合性能力。

对于个人而言，从低级到高级发展的过程，就是一个自我实现的过程。在这个过程中，个人能发挥出最大的才华和潜能，而企业是否有发展前途，就要看其员工的价值是否得以不断提升，而企业又能不断给这些升值的员工足够的升职空间。

美国密歇根火鸡快餐连锁公司在这方面就做得非常出色，它有一套完善的升职机制。这家公司以火鸡为主打产品，每一个职员都有相同的经历，即从基层的实习助理做起。公司努力使其中有责任感和独立自主精神的年轻人获得足够的升职机会，很快成为一名中

233

小企业的管理者。

第一阶段是实习助理。在这个岗位上，有文凭的年轻人需做满 6 个月。他们要努力在这期间学习保持清洁与服务周到的办法，积累最直接的管理经验。第二阶段和第三阶段分别是二级助理和一级助理。在这两个阶段，他们开始承担起一部分的管理工作，在小范围的日常实践中摸索经验。第四阶段是参观经理，只有在第二、三阶段获得足够的锻炼，积累足够的经验时，才有机会升到该阶段。在成为经理之前，公司还要提供在密歇根大学为期 20 天的培训，以补充管理知识上的不足。如职员能继续学习和锻炼，还有可能升职为公司的巡视员、地区顾问及总部经理。

升职离不开升值，这就需要不断学习和锻炼。否则不仅不会升值，反而有可能贬值。美国国家研究会的一项调查发现：半数以上的劳动技能在短短的 3 到 5 年内就会因为赶不上时代的发展而变得无用，而以前这种技能折旧的期限长达 7 到 14 年。现在，职业的半衰期也越来越短，所有的高薪者若不继续学习，无需 5 年就会再次变成低薪者。

在这个科技与知识发展一日千里的时代，随着知识和技能的折旧速度越来越快，更需要不断通过学习和培训积累经验、更新技能。如能做到这一点，老板就会对你刮目相看，你会因自己的升值，在众多的员工中脱颖而出，赢得一个一飞冲天的机会。

对于职场人士来说，在职场发展的身份证，姓名不仅仅是一个代号，而是包含了知名度、美誉度、雇主满意度和忠诚度的品牌，是个人谋求职业生涯发展过程更大成功的通行证和开门密码。对于职场中人来说，自己的品牌价值就如同产品质量和产品品牌美誉度之于产品一样至关重要。

如同产品一样，要形成知名品牌，提高品牌价值，就必须有过硬的质量作为基础。对于职场中人，建立个人职业品牌的"质量"要求包含两个方面。一方面是职业能力，个人业务技能上的高质量，超凡的工作技能是个人品牌的核心内容。在工作场所，能力不强的人想建立个人品牌是很困难的，就像一个产品，客户服务再好，如果三天两头出现问题，也会让客户下次避而远之。另一方面是指职业精神，这是可信度的有力保证。

提高身价的途径有多种，不论哪一种，都需要努力和付出，以形成个人的核心竞争力。提高身价可从 3 个层面努力：一是了解自己的喜好；二是了解行业和市场；三是了解自身的竞争力。找出你真正喜欢做的事，努力使自己在这个方面更出色，其他的问题自然就迎刃而解了。请记住，成功永远属于有准备的人。

跳槽，是提高身价的最通行做法。据相关调查显示，85% 的中层员工认为，通过跳槽可以实现自我提升，获得更大的发展空间。在跳槽过程中，只要精心包装过去的工作成绩，充分展示自己的核心竞争力，提高身价并非难事。不过，"跳槽增值"的基础是跳对方向。跳槽者要在充分了解职位的基础上，仔细分析自身实力。如果发现自己和岗位的要求不太相符，就要当机立断，选择放弃。就个人发展而言，还是应该稳扎稳打、厚积薄发，等个人能力真正达到一定层次后，再寻找升值的机会。跳槽是钥匙，但不是万能钥匙。

在公司内部寻求晋升，提高公司对自身的价值预期，令身价大涨，这是最理想的升值途径。做到这一点，首先要了解自己的长处和劣势，明晰职业定位；然后构建一个身价坐标图，分别制订出短期、中期、长期发展计划，从知识、技能、人际关系等方面提升自己。

证书不仅是进入职场的敲门砖，也是提高身价的第 3 条捷径。用权威、有名气的证书为自己"镀金"，是时下年轻求职者偏爱的方式。企业对求职者能力的判断，很大一部分也是以证书为依据的。要注意，资格证书不追求"量"，而是越"专"越好。其次，证书必须和自己的发展方向吻合。只有在合适的时机获得合适的证书，证书的效用才能充分发挥。

到外企寻求工作经历，是提高身价的第 4 条途径。外企在某种程度上是中国当代管理的"黄埔军校"，凭借其独具特色的培训方式和企业文化，塑造、培养了大批掌握现代管理技巧和理念的中国白领。在外企工作过的人，往往眼光更开阔，更容易适应经济全球化带来的挑战。外企的工作氛围、规范化的管理和培训机制，也能给人的综合能力带来质的提升。

为自己打造一个空间

晋升并不是一个坐在那里等来的结果，除了用骄人的业绩打动上司，获得传统式的晋升外，你还可以把晋升当做一个难题，主动地攻克它。晋升之道，和我们说服一个客户、得到一份合同没本质上什么两样。

你在一个位子上待了很久，工作也不错，却一直不能升职。你分析来分析去，觉得原因不在自身，而在你的顶头上司，那个安于现状的家伙。他许多年来一直原地踏步，一直尸位素餐，他占着茅坑不拉屎，占着位子不腾地儿，别人自然也没办法上来。他是你前进路上的障碍，是你的绊脚石。只要有他在，你就别指望在职场上大有作为——那么，你该怎么办？

消极的人选择离职，但离开这家公司，下一家未必就有升职空间。所以，积极的人选择：自己为自己创造一个职位。有效地提升自己，然后鼓励你的老板也加入进来。有各种各样的方法可以让你用来实现这个设想，稍微有点创造性思维，你至少能够找到一种方式来为你所用。

当你的同事请病假或离开时，你可以接管他们的工作，或者仅在他们超负荷时帮助他们完成任务。关键时刻你将是无价之宝。简而言之，最起码这意味着你具备加薪的条件。

在一家财务公司工作两年后，陈丽获悉自己将接任客户服务经理的位置。然而，她只是被分配去做一般的客户服务，而公司最核心的工作——客户财务培训，却没有她的份。

两个月后，公司需要为一家公司设计全新的培训大纲，由她的上司负责。但上司要出国，而那家客户公司又是新的行业，其他同事不敢轻易一试。陈丽于是毛遂自荐："我相信自己的创意能力，又有设计和写作经验，不如让我试一下。就算不尽如人意，这对我以后的工作也会有好处。"在深入的调查后，她完成了此项工作，根据她的大纲写出来的培训材料深受欢迎。没多久，陈丽便被提升为所在部门的副经理。

你的同事离职了，你向老板提出你可以处理他们的工作和你自己的工作，只要给你一个助手就行了。这样，老板就拥有两个懂得如何处理这些工作的在位的人——有个助手为你工作，你就成功地在地位上升了一级。

最简便的方法就是发问。对老板说："我想学习如何运作买卖账目。假如我放弃几次午餐时间，我可以与洪芳坐在一起向她学习这些知识吗？"老板很可能难以拒绝你的请求，并且你可以指出，将来出现紧急情况时，工作安排会变得相对容易一些。

除了增加你的技能以外，你还需要时时把握机会增加自己的责任，你承担的责任大小往往能够决定你的级别。因此，永远不要错过各种适合你的机会。"我可以做那件事。"这句话应该时时挂在你嘴边。主动承担与供应商的谈判事务，或者自愿处理贸易展销事务——预订场地、组织印刷、预订旅馆等。

曾有这样一个经典案例：萨克斯顿在著名的传播机构贝尔霍韦公司任职时，他把注意力集中于维尔丁电影制作公司。虽然该公司一直在亏损，但萨克斯顿知道可以扭亏为赢。为此，他提出一个计划，建议维尔丁公司卖掉电影制片厂，同时增加多媒体咨询业务。

上司对此大为赞赏，当即采用了他的建议，并任命他为新的多媒体部门的主管。就这样，萨克斯顿为自己凭空创造了一个职位。

在没有可得到的职位让你晋升的时候，这种方法怎样帮助你呢？你必须做的就是这件事。一旦这些新责任被确定成你工作责任的一部分，你就要求同老板见面。向老板说明，你认为你的工作头衔不能反映你真正从事的工作。与其说你是公关部门助理人员，不如说你是公关部门管理人员。你已经对所做的工作增添了许多价值，你希望改变工作头衔以反映和回报你所做的努力。

你没有要求晋升，但工作头衔的级别提高了。这种改变，事实上就是一种晋升。你也可以同时要求加薪。这完全根据你自己的意见来定。你可以要求一个更好的工作头衔作为工资审查的一部分——也许你以这一头衔来做交换，对你要求的工资增幅进行让步。不过，你同样可以把它作为一个独立的请求。假如你认为本阶段没有合理的请求加薪的理由，你仍然可以要求一个更好的工作头衔。一旦工作头衔确立下来，你就可以依赖它。

为自己创造一个合适的位置，这种方法对小公司和大公司都非常有效。你的任务就是找出一个原本不存在的职位，然后提升自己以适合此职位。比如，如果你在营销部门工作，而且你在讲解方面很有经验，你就可以对你的老板说："汪某有希望成为一个很有前途的推销员。如果我把他带在身边，多给他一些提示，应该会对他有帮助吧？这样的话，把他变成对部门真正有用的人不再是一件困难的事。"

一旦你改善了汪某的绩效，你同样也可以对张三和李四这样做。一旦进展顺利，你就可以成为名副其实的上司了。